INTRODUCING ANTHROPOLOGY: A GRAPHIC GUIDE

by MERRYL WYN DAVIES AND PIERO

Copyright: TEXT AND ILLUSTRATIONS © 2013 ICON BOOKS LTD

This edition arranged with THE MARSH AGENCY LTD

Through BIG APPLE AGENCY, INC., LABUAN, MALAYSIA.

2022 SDX JOINT PUBLISHING CO. LTD.

图画通识丛书
A Graphic Guide

人 类 学

Introducing Anthropology

梅里尔·温·戴维斯（Merryl Wyn Davies）/ 文

皮耶罗（Piero）/ 图

陈玮 徐向东 / 译

图书在版编目（CIP）数据

人类学 ／（美）梅里尔·温·戴维斯文；（美）皮耶罗图；陈玮，徐向东译. —北京：生活·读书·新知三联书店，2022.3
（图画通识丛书）
ISBN 978 － 7 － 108 － 07328 － 0

Ⅰ.①人…　Ⅱ.①梅…②皮…③陈…④徐…　Ⅲ.①人类学
Ⅳ.① Q98

中国版本图书馆 CIP 数据核字（2021）第 249177 号

责任编辑　黄新萍
装帧设计　张　红　李　思
责任校对　张国荣
责任印制　卢　岳
出版发行　生活·讀書·新知 三联书店
　　　　　（北京市东城区美术馆东街 22 号　100010）
网　　址　www.sdxjpc.com
图　　字　01-2018-7186
经　　销　新华书店
印　　刷　北京隆昌伟业印刷有限公司
版　　次　2022 年 3 月北京第 1 版
　　　　　2022 年 3 月北京第 1 次印刷
开　　本　787 毫米 × 1092 毫米　1/16　印张 5.75
字　　数　50 千字　图 175 幅
印　　数　0,001 － 5,000 册
定　　价　36.00 元
（印装查询：01064002715；邮购查询：01084010542）

目　录

人类学是什么？

　　"人类学"（anthropology）这个词来自希腊语，字面意思是"对人的研究"或者"人的科学"。但是人类学的这个"人"当时只是特殊的一类"人"。

历史上，人类学是"对原始人的研究"。

我是阿纳扎西（Anazasi），他们叫我"原始人"。

"原始人"是什么？

在《原始人的心智》（*The Mind of Primitive Man*, 1938）一书中，美国文化人类学的创建者**弗朗兹·博厄斯**（Franz Boas，1858—1942）只是告诉我们谁是原始人。

研究人类

人类学家研究人类。他们研究人类如何生存，研究人类社会的过去与现在。人类学也涉及我们如何认识人们对人类的认识——无论是现在，还是过去。有时候，人类学也会涉及人与人之间、民族之间、文化之间与社会之间的权力关系，涉及殖民主义与全球化。

人类学是……

- 从生物、文化和社会的视角对人所做的研究。

- 对人类文化差异的研究。

- 对人类文化和自然本性所做的普遍概括。

- 对文化之间的相似与差异所做的比较分析。

人类学的大问题

　　人类学领域中最重大的问题在于，如何讨论它的研究对象。*原始的*、*野蛮的*、*简单的*这些词都带有偏见、区别对待以及优越论的色彩。但它们却一度划定了哪些人是人类学家特别有兴趣去研究的，并决定了为什么他们想要研究这样的人群。

　　人类学研究的基本精神在于，能够理解研究所有人类文化形式的必要性，因为文化形式多种多样，这本身就能阐明其发展的历史、现在和未来。

　　人类学家的所学，以及人类学所要教给人们的，恰恰就在于，将真实生活中的人群看成是"原始的""野蛮的"和"简单的"这种想法究竟错在哪里。

他者

　　如今，人类学被定义为"对他者（the Other）的系统研究"，而其他社会科学则在某种意义上是对自我（the Self）的研究。但是，谁是他者？谁又是自我呢？

"他者"就是所有被看成与"我"不同的人，并可以用来"交互界定"（interdefine）自我的身份认同。

"他者"就是非西方文化的民族。

　　在《重塑人类学》（*Reinventing Anthropology*, 1969）一书中，**戴尔·海默斯**（Dell Hymes）写道："存在着一门专门研究他者的自主的学科，这一点本身就是有问题的。"

不断变化的问题

人类学如何处理它自身的"问题"，如今已成为人类学内部热烈争论的问题。同时，还有两个方面也发生了变化。首先，"他者"变了。非西方社会已经经历了飞速的社会发展。

其次，人类学也回归了本然。它不再仅仅研究非西方文化。如今，人类学家不仅研究制度和组织文化（例如商业公司、科学家和警察），同时研究西方社会中的各种边缘文化。

人类学如何应对这些变化呢？它研究人类学自身的历史，研究过去和当下的人类学家提出的假设以及他们的反应——它也会仔细考虑，人类学所告诉我们的，是否更多地关乎"自我"，而不是"他者"。

　　"首先，很难说这门研究到底研究什么；其次，完全不清楚研究人类学要做什么；第三，似乎没人知道要如何区分人类学的研究和实践。"
　　　　　　——蒂姆·英戈尔德（Tim Ingold），阿伯丁大学人类学教授

人类学的来源

"令人类学成为人类学的，不是对某个特定对象的研究，而是人类学作为一门学科和一种实践的历史。"

——**亨丽埃塔·摩尔**（Henrietta Moore），伦敦政治经济学院社会人类学教授

何种历史？什么实践？它是如何开始的？

作为一门现代学科和一种专门职业，人类学开始的时候，也是大学里教授人类学的院系建立的时期。

在美国，博厄斯于 1896 年在哥伦比亚大学开始讲授人类学。在英国，牛津大学于 1906 年引入了人类学的新学位。与此同时，人类学实践以**民族志**（ethnography）的名义得以确立，研究包括人们如何生活、在哪里生活等问题。

奠基者

艾伦·巴纳德（Alan Barnard）在《人类学历史与理论》（*History and Theory of Anthropology*，2000）将法国哲学家**孟德斯鸠**（Charles Montesquieu，1689—1755）尊为一切现代人类学共同的开创者。人类学发端于 1748 年孟德斯鸠出版的《论法的精神》（*The Spirit of the Laws*），是启蒙运动的成果。

然后在 19 世纪 60 年代，就出现了"达尔文地平线"（the Darwinian horizon），涌现了一批重要的人物：**梅因爵士**（Sir Henry Sumner Maine，1822—1888）、**摩尔根**（Lewis Henry Morgan，1818—1881）、**泰勒爵士**（Sir Edward Burnett Tylor，1832—1917）以及**詹姆斯·弗雷泽爵士**（Sir James Frazer，1854—1941），他们定义了引领整个现代人类学的知识传统。1871 年，人类学学会（Anthropological Institute）在伦敦建立。当博厄斯、**马林诺夫斯基**（Bronislaw Malinowski，1884—1942）和**拉德克里夫－布朗**（A.R. Radcliffe-Brown，1881—1955）确立民族志实践时，现代人类学也处于草创阶段。

隐含的议程

　　马文·哈里斯（Marvin Harris）在《人类学理论的兴起》（*The Rise of Anthropological Theory*，1968）中也论证了人类学具有启蒙运动的思想来源。他列举了更多相关的启蒙思想家，包括**狄德罗**（Denis Diderot，1713—1784）、**雅克·杜尔哥**（Jacques Turgot，1727—1781）以及**孔多塞**（Marquis de Condorcet，1743—1794）。

　　哈里斯还承认了法国作家蒙田（Michel de Montaigne, 1533—1592）的影响，后者的《论食人族》（"On the Cannibals"）一文发表于 1580 年。

蒙田

但是在一条补充说明和脚注当中，哈里斯不恰当地无视了一种看法，这种看法认为在启蒙思想和此前的文化思想之间存在着确实的联系。

是啊，他肯定会无视这一点的，不是吗？给他们解释一下……

发现的年代

　　蒙田遇到了几位南美印第安人，他们被带到法国，在一个市集上表演。然后蒙田写出了他的经典文章，该文将非西方民族框定为缺乏关键性的文明特征的族群。

　　蒙田的观点不是由"经验"得来的，而是由"推测"得来。他的推测是当时有关"新"民族的众多文献的一部分，这些所谓"新"民族是自哥伦布跌跌撞撞地发现美洲以及达·伽马奉命探寻通往印度的航线以来不断发现的，这个时期被称作"发现的年代"（Age of Reconnaissance）……

这是欧洲人急剧拓展地理学视野和知识的时期。

也是屠杀、奴役和毁灭的时期。如果没有我，没有我的历史，也就不会有人类学，而这正是他们不愿意正视的事实！

"忠于传统"

哈里斯想要毫不留情地加以抨击和排除的，正是**玛格丽特·霍琴**（Margaret Hodgen）提出的论证。在霍琴的著作《16和17世纪的早期人类学》（*Early Anthropology in the Sixteenth and Seventeenth Centuries*）中，她提出了两个有力的观点。

首先，对人类的起源、生活方式以及多样性所做的推测，是传统的、交互性的和持续性的。古希腊人、中世纪作者、"发现的年代"、蒙田以及更多的思想者，他们提出的概念与观念影响和建构了启蒙思想以及19世纪人类学的知识传统。

其次，这些古老的推测不断累积，它们的组织原则和理论观念不断地重现，并依然活跃于现代人类学中。

这就是霍琴所说的"思维忠于传统，此为人类学的一个标志"。

霍琴所说的与人类学相关联的早期作品都有什么特点呢？其中一个方面就是相信"普林尼的民族"是真实存在的，它得名自古罗马作家老普林尼（Pliniy the Elder）的《自然史》（*Natural History*，77）一书中的相关部分，该部分记述了大量的怪兽族群，它们生活在已知世界的边缘，比如狗头人、无头人以及食人族（*anthropophagy*）。这些怪兽族群都是古典和中世纪作品中的典型人物。早期作品的另一个方面则是有关《圣经》的解释框架。

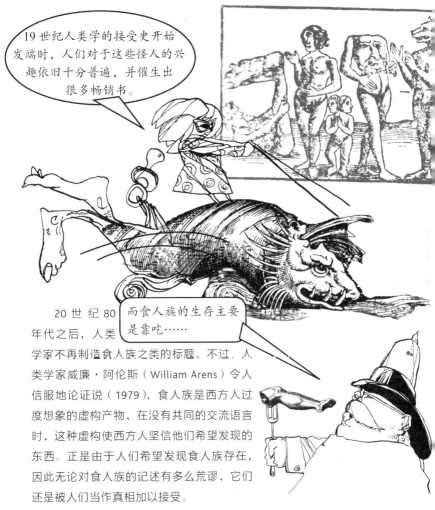

19世纪人类学的接受史开始发端时，人们对于这些怪人的兴趣依旧十分普遍，并催生出很多畅销书。

而食人族的生存主要是靠吃……

20世纪80年代之后，人类学家不再制造食人族之类的标题。不过，人类学家威廉·阿伦斯（William Arens）令人信服地论证说（1979），食人族是西方人过度想象的虚构产物，在没有共同的交流语言时，这种虚构使西方人坚信他们希望发现的东西。正是由于人们希望发现食人族存在，因此无论对食人族的记述有多么荒谬，它们还是被人们当作真相加以接受。

人类权利的问题

剑桥大学历史学家安东尼·帕金（Anthony Padgen）主要研究西班牙文化中关于"新世界"的思考。他也提出了类似的论证。

他提出了第一个重要的观点。天主教会于 1550 年在西班牙的巴利亚多利德举行了一场公开辩论，主题是美洲印第安人究竟是否具有人类身份——对这个问题的讨论一直持续到 16 世纪 70 年代，而这场辩论为人类学思想和论证的展开设定了主要范围。

巴托洛梅·德拉斯·卡萨斯（Bartolomé de las Casas，1474—1566）是多明我会的教士，他提出了相反的辩词，"对那些虐待与诽谤海外'新世界'人民的人提出的抗辩"。卡萨斯当然知道自己在说什么。

1502 年以来我一直在美洲。我曾经拥有印第安奴隶并从对他们的剥削中获益——这一点在我的《印第安人历史》（1566）中有所披露。

1515 年以后，卡萨斯一直致力于维护印第安人的权利。他所做的贡献胜过了大多数职业人类学家，即使在 20 世纪五六十年代这些人类学家开始讨论此类问题之后也是如此。

耶稣会纪实

帕金论证说，人类学田野调查的真正起源并不是公认的鼻祖博厄斯和马林诺夫斯基，而是好几代耶稣会传教士，尤其是那些在加拿大传教的人：**保罗·勒热**（Paul Le Jeune，1634）、**雅克·马尔盖特**（Jacques Marquette，1673），特别是**约瑟夫·拉斐陶**（Joseph Lafitau，1724）。有关他们的工作报道发表在当时的年刊《耶稣会纪实》（*Jesuit Relations*）上。

这份纪实刊物刊登了与当地土著长期接触与交往过程中所获得的信息……

……同时也考虑这样的信息对于我们理解人性来说意味着什么——普遍化与比较就是人类学的主要工作。

征服者与传教士——难怪他们想要隐藏人类学的那些来源！

西方思想的主流

人类学家**威廉姆·Y. 亚当斯**（William Y. Adams，1927—2020）的观点与霍琴和帕金的类似，他对人类学的常规历史做了出色的矫正。亚当斯审视了西方思想和观念当中的"主流"，这些思想和观念是在人们"有意识的理论层面之下"运作的。

这些主流观念解释了人类学的起源在哪里，它的研究对象是什么……

进步主义（Progressivism）：将人类文化史等同于一种直线上升的进步过程，即从"肮脏和野蛮"发展到现代西方社会，后者永远都是最先进的社会形态。

原始主义（Primitivism）：与进步主义相反的观念，包括对原始的简单朴素的怀旧心态，以及退化的观念，即认为人类从一开始就在不断地走下坡路，虽然人类文明还保存了一些好的方面。

自然法（Natural law）：不是某个周期性的行为，而是一切人共有的规条、行为规范与限制，以及自然的部分（即本源上是生物性的）或上帝的计划（即本源上是道德的、文化的）。

德国观念论（German idealism）：立足于心灵（历史的实在性）与物质（自然的实在性）的二元区分。

印第安学（Indianology）：既是关于美洲印第安人的流行意识形态（尤其是各种版本的"高贵的野蛮人"），也是一种以他者的他性（the otherness）为焦点的研究领域。

传统的连续性

这些主要的哲学思潮是将西方文化史统一起来的持续传统。它们在古代思想资源之间建立起联系，并将中世纪、文艺复兴、启蒙运动、维多利亚时代的推想乃至现代甚至后现代时代都贯通起来。

有关《圣经》的解释框架在19世纪依然主导和塑造了论证的形式。它重现时，要么蒙着薄薄的面纱，要么打着世俗化哲学和理论观念及术语的幌子。

这些哲学的思想根源依然可以辨认出来，尽管在现代人类学中，重新应用它们时使用了新的修辞和术语。

派生的少数思潮

亚当斯还识别出一些"少数思潮"（minor trends）——不是说它们数量更少，而是因为它们是主流思潮的变化与应用。

理性主义（Rationalism）：这种信念认为有一个由各种律法统治的、有序的宇宙，这些律法与人类理性相一致，并且能够为后者所理解。

实证主义（Positivism）：大体来说是**经验主义**（Empiricism）的一个标签，这种方法论由观察加上归纳或演绎构成。

马克思主义（Marxism）或**辩证唯物主义**（dialectical materialism）：自称是一种意识形态及"流派"，很明显也是进步主义的一部分。马克思和恩格斯以美国人类学家**摩尔根**的作品作为思想基础，摩尔根最知名的作品是他对易洛魁印第安人（Iroquois Indians）的研究。

功利主义（utilitarianism）与**社会主义**（socialism）：独特的英国激进主义学派，主张社会革命，对过去不太看重，更多地把焦点放在未来。

结构主义（structuralism）：这种信念认为存在着一个有结构的宇宙，或者在自然秩序中存在着内在的、一致的结构化过程，而这种结构化并不是外部观察者强加的。因此，结构都是普遍的。这种思潮是自然法的一个变种。

民族主义（Nationalism）：过去三个世纪以来最有影响的西方意识形态，塑造了人类学以及其他政治科学的民族传统。

最后要说的这个才是最重要的——大人物（The Big Enchilada）！

帝国主义

　　对帝国主义（Imperialism）的最好描述，是把它说成是一种剥削的实践策略，是一个实践的而非理论的领域，是一种意识形态框架，西方思想就是在这个框架下运作的。对人类学家来说，殖民地的人民是独属于"他们的"研究对象。英国人类学家**厄内斯特·盖尔纳**（Ernest Gellner，1925—1995）将殖民地说成是人类学进行研究的"预留实验室"。

厄内斯特·盖尔纳

人类学的共犯

人类学家为殖民地官员提供培训，并且向他们提交记述报告——尽管殖民地官员抱怨说人类学家从没告诉他们什么有用的东西。

他们从没跟我说过什么有用的，所以有啥值得一听的新消息吗？

发生了一场重要的辩论，主要讨论的是这种行为究竟在多大程度上使人类学家成为共犯。

在塔拉尔·阿萨德（Talal Asad）的经典作品《人类学与殖民遭遇》（*Anthropology and the Colonial Encounter*，1973）中，他论证说，人类学的作用就像"殖民主义的女仆"。帝国主义意识形态也从那些产生了人类学的知识与哲学源泉中汲取营养，并将它们变成了自己的合作伙伴。人类学并没有创造殖民主义，但是它的来源肯定是殖民主义的一种附带现象。

对伦理学的破坏

在更晚近的时期，人类学家收集了非常具体的信息，为美国在东南亚地区的新帝国主义争端服务，这桩丑闻激发了人类学内部的伦理反思。

人类学家也是在为企业帝国主义（corporate imperialism）服务。

他们为麦当劳这样的全球公司提供关于当地人的"民族志说明"。

回到源头

我们现在已经看到，哲学的思想根源滋养了人类学的常规历史。这些就是人类学确立并塑造其运作方式的基础。为了将现代人类学的"主干"及其四个学科分支与哲学根源联系起来，我们需要……

一个特征："原始人"

两套理论：
　　进化论（Evolutionism）
　　传播论（Diffusionism）

一套意识形态：种族

所以又回到我这儿来了！

不可或缺的原始人

    人类学的知识传统成形于 19 世纪 20 年代，发端于英国人类学家**亚当·库伯**（Adam Kuper）的《发明原始社会：幻象的变形》（*Invention of the Primitive Society: Transformations of an Illusion*，1988）。"原始人"是职业人类学所要研究的合法的、典型的对象。

对发明的反思

　　发明是一种有意识的、建设性的行为。它是从梅因爵士这里开始的，梅因在原始人和文明人之间做了区分，将二者区别为先天具有的身份状态和后天获得的身份状态。

社会并非源自"社会契约"，而是源自家庭以及在此基础上建立的亲族。

　　当时人们对亲族起源和原始状态等观念进行了思考，而**达尔文**（1809—1882）的邻居、朋友和支持者**约翰·鲁波克**（John Lubbock，1834—1913）、苏格兰律师**约翰·麦克莱南**（John McLennan，1827—1881）以及美国人**摩尔根**进一步发展了这些观念——他们既是扶手椅中的学者，也是政治家——此外还有瑞士人**巴霍芬**（J.J. Bachofen，1815—1887）。

什么是最初发生的？

麦克莱南和摩尔根是死敌。他们辩论得极其激烈。

活化石

原始的乱交、*母系*（matriliny）优先于*父系*（patriliny）、*母权*（matriarchy）优先于*父权*（patriarchy），这些都是原始人的典型特征。这些特点都可以在当代的原始共同体当中、现存的亲属关系实践之中加以解读。无论是原始人的特征（对于如今尚存的氏族的认同），还是人类学的专业研究领域，都是从这个推测性的构想当中开始的。

原始人的概念在泰勒爵士那里得到了扩展。

我的收集和分类活动，都是以"幸存"和"遗迹"的观念为基础的。

这是个老观念了，最早出现是在16世纪80年代，当时美洲印第安人被当作模型用来解释古英格兰人。

泰勒也将当前尚存的"原始人"看成是人类存在早期阶段的文物遗迹。

在扶手椅中看世界

　　詹姆斯·弗雷泽爵士是《金枝：巫术与宗教研究》（*The Golden Bough: A Study in Magic and Religion*，1890；1907—1915 年间不断增订）一书的作者，他首次确立了原始社会在心灵、宗教、巫术与神话等方面的构成要素。

我是英国第一个获得"社会人类学教授"头衔的人，这个教职于1907年首次设置，不过当时还是一个荣誉教职。

进化论

西方知识传统中的社会思想始终是进化论的。社会进化阶段的层级概念来自希腊文化中的"三个时代"观念：黄金时代、青铜时代和黑铁时代。

启蒙传统——尤其是苏格兰思想家**亚当·弗格森**（Adam Ferguson，1723—1816）——将这些阶段等同于各个或消亡或尚存的社会的政治与社会构造，由此建立了一个三重的等级划分：*原始状态、野蛮状态*和*文明状态*。原始人的特征仅仅适合于这个为人们普遍接受的体系。

生物与社会整合

达尔文并没有发明进化论。他引入了一套独特的生物进化理论。这套理论很快就成为主流范式,它将生物学观念与社会学观念结合起来,同时将"进化论"(evolutionism)这个概念的效力普遍化了。

斯宾塞(Herbert Spencer,1820—1903)是一位虔诚的社会进化论者,他在达尔文之前就提倡创建关于人的生物学理论。斯宾塞完全称得上是人类学的鼻祖……

……尤其是因为他对于将生物学和社会学整合为一个统一的理论领域充满了兴趣。

"适者生存"是我创造的,达尔文采取了这个说法。

整个现代人类学在某种意义上都是可以算作进化论的。普遍化、分类法和类型学都或含蓄或明确地援引了进化论的观念和层级制的关系。

社会变迁、变革和发展的观念也援用了进化论的概念。

传播论

    传播（diffusion）指的是事物从一种文化、族群或场所转移到另一种文化、族群或场所。传播的本质是接触和互动。它是一个非常老的观念。有关《圣经》的解释框架在 16 世纪和 17 世纪得到了迅猛的发展，它就是传播论的。

巴别塔倒下之后，人类开始分散栖居，这为各个族群提供了一种谱系性的——也就是在生物学和社会学层面上传播的——联系。

传播同样增强了语言研究的发展……

    这种观念尤其体现在东方主义者**威廉·琼斯爵士**（Sir William Jones，1746—1794）关于印欧语系的著作中，以及定居于英国的德国学者**马克斯·穆勒**（Max Müller，1823—1900）的著作当中。穆勒并不仅仅研究比较文献学，同时也支持一个观点，即认为所有人都拥有同样的心智。语言学家对社会理论，尤其是对人类学一直都有重要影响。

传播论也是其他德国学者探究的主要课题。**弗雷德里希·拉采尔**（Friedrich Ratzel，1844—1904）是第一个将世界划分为各个文化领域的人。他的著作影响了泰勒。**列奥·弗罗贝纽斯**（Leo Frobenius，1873—1938）和**弗里茨·格雷布纳**（Fritz Graebner，1877—1934）讨论 *Kulturkreise*（或者说"文化圈"）这个概念的著作，也对博厄斯产生了重要影响。

在英国，高级的传播论（high diffusionism）是**格拉夫顿·史密斯爵士**（Sir Grafton Elliot Smith，1871—1937）和**威廉·佩里**（William Perry，1887—1949）在其著作《太阳的后裔》（*Children of the Sun*，1923）一书中所使用的研究方法。他们提出了一套理论，认为古埃及人的太阳崇拜是一切文明的源头。史密斯和佩里用埃及代替了《圣经》中所说的希伯来人祖先，以之作为创造的摇篮。他们发展了"传播"的概念，以此来顽强地抵抗进化论。

种族欺骗

原始人本来和其他种族之间没什么区别。其他种族界定了"原始人"这个概念，并提供了研究"原始状况"的手段。文明是一个单数形式的术语，用来表示白人借以获得统治地位的单一介质，而其他所有种族则按照进化论的、种族主义的分层制，被认为还滞留在原始状态，是未开化的野蛮人。

现代人类学始于与种族概念的争论。它公开抨击种族主义的思想来源，并认为那些占压倒性数量、传递这些思想的种族主义作品是没有价值的。

实地考察

历史时期和专业化的现代人类学之间的分界线在于从推测到经验科学的转化。

人类学所有分支的交汇之处在于对文化的科学研究。

马林诺夫斯基

它的标志在于处所的变化：离开扶手椅、哲学家的象牙塔和殖民者的阳台，冒险进入"原始"族群生活的地方。

在实地考察中，经验研究会提供新的经验证据。这将对不同的文化做出解释，并允许我们比较人与人之间的相似与差异，而这种比较并不是纯粹的推断。

这就是他们希望我们相信的——除了一件事。请做出解释！

人类学家走入田野时也带着从前人那里继承下来的理论和组织原则——无论是他们承认的，还是他们不承认的。

人类学之"树"

有四个研究分支构成了人类学。

体质人类学或生物人类学

考古学

人类学的语言学

社会或文化人类学
[又称民族学研究
（Ethnology）]

大多数美国大学都会引导学生了解全部四个分支。但是很少有英国大学这么做，它们的重点主要集中在社会人类学方面。

绝大部分人类学家的研究领域都是社会人类学。在美国，他们将这个领域称为文化人类学甚至民族学——而英国人类学家只是在人类学成为大学学科之前才使用这个称谓。

对上述各部分的命名——社会人类学也好，文化人类学也罢——都是英国传统和美国传统各自发展过程中遗留的历史问题。不同的国家在为自己的人类学研究命名时，重点各有不同。

体质人类学

体质人类学（physical anthropology）一开始是对人类种族的研究。人体测量专家带着他们的测量仪展开了自己喜爱的工作：测量头颅大小并进行分类。

他们还从坟墓里偷颅骨——别忘了这一项。

他们的目标在于证明种族差异在身体构造上有所体现，并且想要为关于人类起源和文化多样性的种族主义理论提供支持。

多源论 vs 单源论

体质人类学领域的重要争论发生在**多源论者**（polygenists）和**单源论者**（monogenists）之间。多源论（polygenesis）指的是不同的人种（或物种）来源于不同的血脉。这个概念是很早以前提出来解释美洲印第安人的，**伊萨克·德·拉·佩雷耶尔**（Isaac de la Préyère，1594—1676）最早对它进行了思考推测。

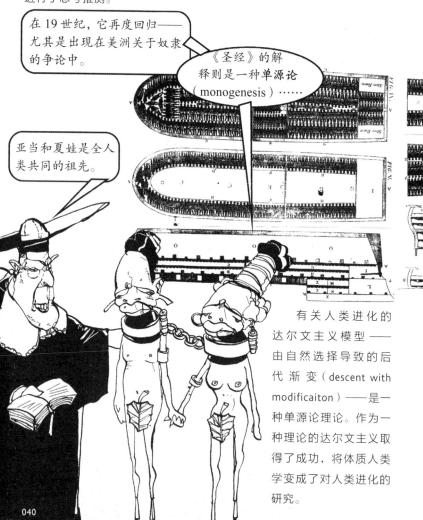

在 19 世纪，它再度回归——尤其是出现在美洲关于奴隶的争论中。

《圣经》的解释则是一种单源论（monogenesis）……

亚当和夏娃是全人类共同的祖先。

有关人类进化的达尔文主义模型——由自然选择导致的后代渐变（descent with modificaiton）——是一种单源论理论。作为一种理论的达尔文主义取得了成功，将体质人类学变成了对人类进化的研究。

人类生态学和遗传学

体质人类学也包括对分类进行研究——从猴子和现代人之间的牙齿变化，到比较解剖学和生理学。人类生态学（human ecology）和遗传学（genetics）都是体质人类学的组成部分。

人类生态学研究智人在不同环境条件下的适应性反应……

……以及疾病生态学、营养和人口统计学。

人类学领域的*遗传学*关注的是不同族群的遗传变异。后来生物遗传学的发展令这种研究黯然失色。

社会生物学的兴起

体质人类学后来之所以过时，既是因为它与种族主义的联系，也是因为它被现代生物科学的兴起所取代。但是它在 20 世纪 70 年代和 80 年代又通过**社会生物学**（sociobiology）的发展再度回归，社会生物学是对人类行为的基因基础所进行的研究。

社会生物学在人类学领域的相关性和意义也是当代争论的一个主题。

同时也是那不受欢迎的历史的重演。

基因理论：重新聚焦于种族

以基因为核心的理论再次使用了很多 19 世纪有关"原始人"的观念，同时，*具有决定行为作用的基因*，成为种族的新配方。早期人类行为的模式现在转化成*动物的行为模式*。

研究兴趣的焦点在于"进化适应的环境"（EEA），主要发生在非洲草原上。

"走出非洲"论题是对人类进化的研究，同时带有很强的传播论色彩。

与早期人类学的其他联系

基因是在种群中加以研究的。人类群体的本质在于*异血缘交配*和*人口控制*。这也是为什么家庭和亲族最初都被用来构建"原始社会"的概念以及原始人的特征。

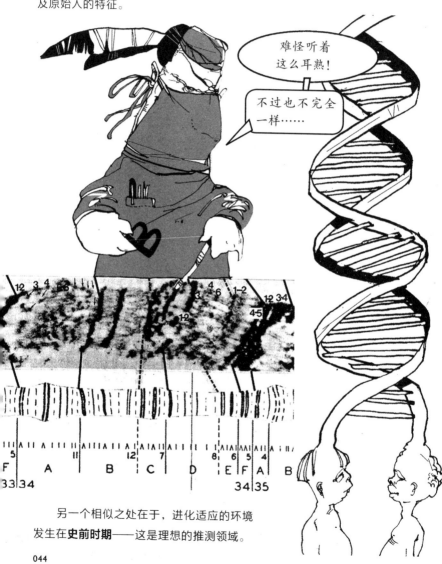

另一个相似之处在于，进化适应的环境发生在**史前时期**——这是理想的推测领域。

考古学与物质文化

　　考古学和人类学具有共同的研究兴趣，即力图解释文化与社会的起源，以及文明的发展。物质文化是人类学家对生产物品的技术和社会生产的手段所做的研究。它研究一切事物，包括从制陶技术到阉割骆驼的 50 种方式。

　　物质文化研究是通过民族志研究的相应部分（ethnographic parallel）而在考古学领域产生主要影响的……

这意味着用**现存**社会的社会行为来对**已消亡**社会的物质遗迹做出有意义的阐释。

……并且创造模型来重建他们的社会生活。这个听着也很耳熟！

人类学的语言学

在 19 世纪和 20 世纪的大多数时间里，语言学和人类学之间的关系与人类学和考古学之间的关系属于同一类型，也就是说，它们的兴趣都在于研究异国语言，以此追溯这些语言与其历史发展之间的联系。

语言学随即经历了一次重大变革，其间兴起了转换和生成的理论。

尤其是乔姆斯基（Noam Chomsky, 1928— ），他以揭示所有语言背后的原则为目标——这就是"普遍语法"

语言学概念和理论为人类学家所借用。语言学模型也被结构主义者和认知社会人类学家用作文化和社会行为的模型，他们将各个社会看作交流系统，并将语言看作思想模型的基础。

社会或文化人类学

　　这个分支被命名为"社会的"或"文化的"人类学，它是人类学学科的主要分支，宏大理论——或任何一种理论化过程——就是在其中发展形成的。它涉及对文化多样性的研究、对文化共相（cultural universals）的寻求、对作为功能整体的各种社会类型的研究、对社会结构的研究、对象征主义（symbolism）的阐释，还有其他很多方面。

文化是什么？

　　美国的文化人类学和英国的社会人类学之间的根本分野在于以下差别：一个将焦点放在人类学家所研究的、作为"整体"的文化上面，另一个则聚焦于文化运作于其间的、作为"整体"的社会（即它的结构和组织）。在大西洋的两岸，对于文化有无数的定义。在 1952 年，美国人类学家的领军人物 **A.L. 克鲁伯**（A.L. Kroeber，1876—1960）与**克莱德·克拉克洪**（Clyde Kluckhohn，1905—1960）引用了超过 100 种定义。

不过人类学家最熟悉的，还是 E.B. 泰勒（E.B. Tylor）在《原始文化》（*Primitive Culture*，1871）一书中提出的权威定义。

文化是一个复杂的整体，其中包括知识、信念、艺术、法律、道德、习俗以及其他一切人类作为社会成员所获得的能力与习惯。

对泰勒而言，文化是一个单数的术语，是一个领域，一切人类社会都在其中按照从简单到复杂的进化过程加以发展。作为一个专业学科，现代人类学是从"文化"这个概念发端的，它意味着多元的生活方式，必须按照它们自己的方式来加以理解。

如今，正如亨丽埃塔·摩尔所说，"文化"这个概念已经变成了……

一系列由竞争性的表达形式和权力场域内部的抵抗所构成的场景。

美国人类学家**罗伊·瓦格纳**（Roy Wagner）论证说："文化的核心在于……源源不断的、连贯的影像与类比，它们无法直接在心灵之间进行交流，而只能被引出、被勾勒、被描述。"文化意义并不是共同的表现形式的稳定系统，而是"活在不断再创造的持续变化中"。

专业化不断增强

泰勒列举的文化特质清单依然有助于我们在社会或文化人类学当中引入各个专业化的领域：社会组织，经济人类学，政治人类学，艺术、宗教、法律人类学以及亲族研究。

最近几十年来，出现了大量的带有连字符的人类学……

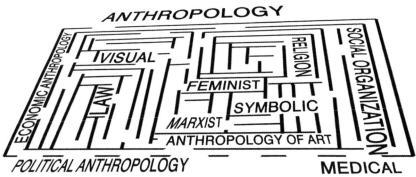

从应用人类学、行动人类学、认知人类学、批判人类学和发展人类学，到女性主义人类学、马克思主义人类学以及医学人类学，再到象征人类学和视觉人类学，作为各种亚领域、研究话题和理论方向，上述分支开始变得引人注目。

民族志基础

　　民族志按字面意思来说就是对文化的*书写记录*，它是一切社会和文化人类学的基本实践，涉及田野调查和所谓客观的、科学的观察。民族志为人类学提供原始素材，提供最著名的主要概念和方法——"参与观察"（participant observation），以及它存在的理由：它是比较、普遍化和理论的基础。

异域书写

对于特定区域及其居民的民族志研究是人类学内部的一种亚领域或专业方向。一些绝佳的例子来自美拉尼西亚（Melanesia）、西非、澳大利亚土著居民和亚马孙印第安人。对"异域"族群的记述塑造了人类学的语言。民族志的形式、内容、问题和兴趣记录了人类学领域发生的争论和变化。

旧日的民族志研究并没有消失。它们再次登场，并且滋养了人类学家的思想和实践。

现代人类学的两位重要人物强调了民族志的重要性，他们是博厄斯和马林诺夫斯基。

博厄斯

　　博厄斯是美国人类学的创建者，他出生在德国的明登（Minden）小镇，最初学习的是物理学和地理学专业。1883 年，他参加了巴芬岛（Baffin Island）的探险考察，并由此开始了对因纽特人（爱斯基摩人）的田野调查。

三年后，我开始在英属哥伦比亚地区的夸扣特尔人（Kwakiutl）当中展开研究。

　　1896 年，他入职纽约的哥伦比亚大学，1899 年成为该校第一位人类学教授，并在这个教职上工作了 37 年。下一代美国人类学家当中的大多数人都是博厄斯训练出来的。

马林诺夫斯基

马林诺夫斯基被认为是英国人类学的创建者。他出生在波兰的克拉科夫（Krakow），在去英国求学之前，他在波兰学的是数学和物理学。他是在阅读弗雷泽的《金枝》时产生了对人类学的研究兴趣。

在1915年到1918年间，严格来说，也就是"一战"期间我被当作外来敌人遭到扣留，于是我花了30个月做了三次田野调查，去研究西太平洋上的特罗布里恩群岛上的岛民。

回到英国以后，马林诺夫斯基接受了伦敦经济学院的一个教职，并于1927年被任命为该校第一位人类学教授。

马林诺夫斯基培养了很多英国第一代人类学家。

马林诺夫斯基和我有三点共识……

都强调参与观察的重要性。

都长期接触所研究的社会。

都使用当地语言。

不过，博厄斯强调的是文化的微小细节，而我强调社会机构与个体相关的功能。

田野调查

要写作民族志，人类学家就要做田野调查。这是每一个人类学家的**必经阶段**。最早的田野调查指南是《人类学备忘与问题》(*Notes and Queries in Anthropology*)，它于 1874 年问世，由英国科学促进会编制。关于文化的部分是由泰勒爵士撰写的。

它的主题和问卷都是揭示人类学曾经面貌的路线图。

备忘与问题

《人类学备忘与问题》于1951年由大不列颠及北爱尔兰皇家人类学研究所（RAI）进行了修订和编辑。

田野调查中的人类生态学

在开始进行田野调查的时候，人类学家首先需要了解的是某个民族住在哪里、他们居住的环境是什么样的、他们有什么样的生活基础、运行什么样的经济。这样一来，人类学家可能会遇到……

猎人和采集者

南非的布须曼人（Bushmen）或桑人（San），中非的俾格米人（Pygmies），东非的哈德撒人（Hadsa），澳大利亚的土著居民，安达曼群岛居民，因纽特人（爱斯基摩人），阿尔根金族（比如克里人）以及加拿大的其他族群。

捕鱼

这可能是狩猎和采集社会的基础，比如夸扣特尔人以及生活在美洲北部、西北海岸的其他族群。

农场主或牧人

这些族群依靠饲养家畜生活：西非的图阿雷格人（Tuareg）和富拉尼人（Fulani），东非的努尔人（Nuer）和马赛人（Masai）以及其他族群，中东的贝都因人（Bedouin），以及北欧的萨米人（Saami）或者拉普人（Lapps）。

定居的农耕民族或园艺种植者

包括大部分非洲部落、亚洲南部或东南亚地区以及新几内亚的族群，大部分亚马孙部落，北美的奥吉布瓦族（Ojibwa）以及其他定居于东北部地区的族群，美洲西南部的霍皮人（Hopi）、纳瓦霍人（Navaho）、普埃布罗人（Pueblo）以及其他部落，以及欧洲南部的农业共同体。

要理解一个社会是如何开发其外部环境的，这意味着要去研究季节的循环，追问人们如何理解环境，共同体成员之间如何分工，并查明有哪些礼仪和庆典的信念与实践是与谋生的实际事务相关的。

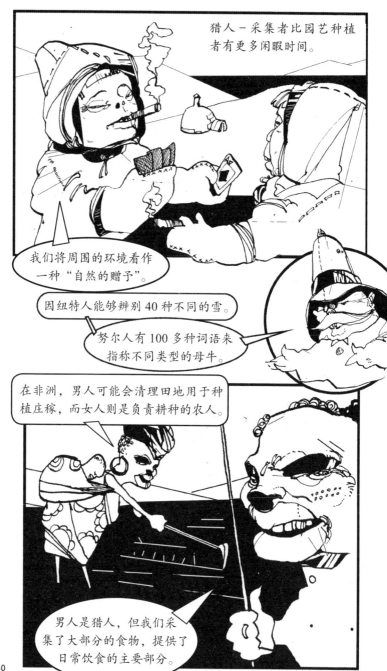

物质文化和技术是开发环境、实行特定的生活或经济形式的关键部分。

在这个层面上，阉割骆驼的 50 种方式（包括去除它的睾丸！）就是有意义的。

不过还有很多其他方面——比如石器工具与钢铁工具相比所具有的相对成本与效率。

手工艺 ——比如造船术 ——可能有其自身的信念、仪规、惯例和限制。

生态人类学

朱利安·H. 斯图尔德（Julian H. Steward，1902—1972）在《文化变迁理论》（*Theory of Culture Change*，1955）一书中引入了生态人类学。他论证说，环境和技术在决定文化的社会组织方面扮演了关键角色，并且与一套进化论框架相关。

生态人类学的主要概念是……

朱利安·H. 斯图尔德

适应（adaptation）：回应环境压力的能力。

生存手段（means of subsistence）：开发环境的方式，例如捕鱼、狩猎、采集、放牧或农业种植。

生态位（ecological niche）：在某个特定环境中所使用的一组资源。不同的族群在同样的环境中可能会开发出不同的生态位。

承载能力（carrying capacity）：某个特定环境所能容纳的最大生存人数，以及相应的特定生存手段。

经济问题

　　食物和用品的生产数量引起以下问题：经济是如何组织运行的？有没有盈余产品？遇到了什么问题？等等。经济资源的获取和分配可能是由非常不同的原则决定的，并涉及礼制和仪式等关系。

获取可以耕种的土地可能取决于亲族关系、家庭成员的身份或者数个家庭的结合。

物品的生产和供应可能也是以亲族或血缘为基础的。

物品交换可能关系到对权力的寻求，以及在社会共同体当中的影响。

　　"冬季赠礼节"（Potlatch）、"大人物"（Big Men）和库拉（Kula）是表明前资本主义社会中经济概念如何运作的三个例子。

赠礼节典礼

　　加拿大西海岸的夸扣特尔人生产出了盈余产品，但这些产品是用来举行盛大仪式的，在这些仪式上，一个亲族生产的盈余产品被分配给其他亲族。这种方式让产品平均分配，并令那些生产和赠予盈余产品的族群具有威望。

它也令那些获赠的族群负有了回报的义务……

我们将来也必须举办赠礼节……

Potlatch（赠礼节就是以它命名的）这个词本来的意思是一种黄铜板，在赠礼节上会和其他的典礼用品一起毁掉，这也是赠礼节的一部分。

新几内亚的"大人物"

在新几内亚，盈余的经济资源——尤其是猪——会积攒起来，然后作为赠礼进行分配。

赠送猪只会提升赠予者的个人威望和政治影响，这些赠予者就是"大人物"……

而且也会像夸扣特尔人一样，由此令接受赠予者负有回赠的义务。

库拉交换制度

在西太平洋的特罗布里恩群岛（Trobriand），岛民们有一些交换活动，主要是交换臂环和项链。参与交换的主要是部族首领以及其他具有权势的人，每次交换的时候，身份地位也随之转换。

他们有一些常规的交换模式。物品在几座岛之间按特定方向进行交换。

在这种情况下，也可以交换其他生产物。

经济人类学

《礼物》(*The Gift* 或 *Essay sur le don*)出版于 1925 年,作者是法国人类学家**马歇尔·莫斯**(Marcel Mauss,1872—1950),该书为经济人类学奠定了基础。莫斯特别提出,礼物从来不是免费的,它包含了三项义务:给予、接受和回报。

回报可能是立刻进行的,也可能**延迟**——也就是以后再完成回报。

马歇尔·莫斯

这里产生的义务可以是物质上的回报,也可以是对赠予者的顺从,或是承认他的优越性。

交换与贸易网络

　　交换可能是通过市场进行的，同时涉及广阔的贸易网络。女性通常是重要的市场交易者，比如说在西非和东南亚地区都是如此。

作为交换的媒介，金钱的形式有很多种，而且它的作用可能不仅仅局限于流通货币。

　　玛丽·道格拉斯（Mary Douglas，1921—2007）在其关于刚果的卡塞的莱利人（Lele of Kasai）的研究中表明，莱利人用拉菲亚树（raffia）纤维所织的布料原来是用作交换工具的，而他们相邻的部落当时只是用拉菲亚纤维来织布制衣。莱利人的拉菲亚布料履行了四种不同的功能……

● 制衣；

● 用作正式的赠礼，或用作部落之间的付款；

● 用作货币，确定非亲族之间交换的货物的价值；

● 在交换中用来从其他部落那里获得不同的物品，无论是锄头还是陶器——对莱利人来说，这些布料相当于钱，而对他们的交换者来说这还是以物易物。

形式论与实体论之争

经济人类学领域中的一场重要辩论发生在形式论者（Formalist）和实体论者（Substantivist）之间，并涉及经济"法则"是否普遍这一问题。

形式论者认为，经济学是一门科学，经济人类学与之密切相关。经济层面的合理性就是一条基本的"法则"。人们选择的是对他们最有利的事物，拒绝那些并非对他们最有利的事物。

这令我们得以对各种极其不同的文化进行比较。

实体论者反对普遍的经济"法则"，尤其反对"经济合理性"这个观念。相反，他们强调的是，经济具体呈现在文化当中。在不同的社会共同体中，不同的交换领域按照不同的方式运行。

对于交换和产品，人们拥有不同的态度；在不同的社会中，人们对相同的物品所具有的价值也有不同的观念。

经济学家**卡尔·波兰尼**（Karl Polanyi，1886—1964）在《早期帝国的贸易与市场》（*Trade and Markets in the Early Empires*，1957）一书中区分了经济的"实体"意义和"形式"意义——前者指的是人们的谋生活动与其自然和社会环境之间的关系，后者指的则是手段和目的之间的逻辑关系。

这些意义是彼此不同且**对立**的吗？还是说，我们能将它们看成是**相互联系**的？

经济人类学

早期帝国的贸易与市场

关于论辩双方的观点，有一本经典的文集《经济人类学》（*Economic Anthropology*，1968），编者是勒克莱尔（Edward E. LeClair）和施耐德（Harold K. Schneider）。

马克思主义人类学

形式论和实体论后来都受到了马克思主义人类学的批判。不过，马克思主义人类学本身包含了双方的一些观点。它将基本的马克思主义概念（这些概念用于解释资本主义社会）带入对前资本主义社会的研究当中……

生产模式：觅食，封建制的，资本主义的。

生产手段：狩猎，捕鱼，园艺种植。

生产关系：这些活动是如何组织的。

马克思主义人类学认为，经济学对于人类社会生活具有根本重要性……

但是它也承认，生产模式蕴含了特定的社会关系（通常是权力关系），并且涉及某些社会形式和文化限制。

马克思主义的进化观

马克思主义是一种进化论的视角，它以"**矛盾**"（contradiction）这个动态概念为基础。这意味着生产模式可能崩塌，并发生**变革**（transformation），成为一个历史上更加进步的模式。

不同的生产模式通常是"**相互咬合**"（in articulation）的，这意味着前资本主义经济是在资本主义经济当中，或是在与它的关联中运行的，因此我们应该用同样的方式去研究它们。

受到马克思主义观念影响的人类学家转而研究"他者"文化，这涉及殖民主义和全球化，并将其作为世界体系的一部分。

你的意思是，他们注意到真实世界是怎么运行的？

如今，经济人类学可以用《物的社会生活》(*The Social Life of Things*)这本书的名字加以概括，该书是由阿帕杜来(Arjun Appadurai)于1986年编辑出版的一本论文集。它不太关注形式模型，而是更关心如何在社会和文化语境中对经济活动进行描述和理解。

"赠礼"和"商品"之间的差别被用来批判新古典主义经济学的主要预设。

换句话说，人们实际上如何对待彼此，并不仅仅是抽象的经济"法则"的结果。

家庭单位

家庭是一个社会的基本单位，也是开展田野调查的常规处所。

家庭要么可以被看作是社会的微观缩影和文化具体运转的场所……

要么被看成是一个内部的领域，一些基本概念诸如性（sex）、性别（gender）和家庭（family）等都可以在其中得到研究。

如果我们问，这个家庭的成员都有谁，它是如何组织的，它如何供养自身，提供自己所需要的物品和服务，这些问题就会把人类学家感兴趣的各个领域全都结合起来——从生态、经济、家庭和亲族，到更广泛的社会组织例如政治、宗教、习俗以及仪式象征。

家庭的形式

在不同的社会中，有不同的家庭形式。

核心家庭（nuclear family）：包括一对已婚夫妇及其子女。

混合家庭（compound family）：包括一个男人，他的多位妻妾，以及所有的子女。

联合家庭（joint family）：几个兄弟和他们的妻子儿女住在一起。

大家庭（extended family）：联系紧密的几个核心家庭生活在一起，包括祖父母、父母和子女。这个名称也用于那些几个家庭不住在一起，但是保持紧密联系的情况，这通常发生在城市中。

家庭的不同形式蕴含了不同的权利和责任，家庭成员间相互承认这些权利和责任。

婚姻关系

婚姻产生家庭。我们可以鉴别出几种不同的婚姻类型。

一夫一妻制（monogamy）：
一个男人娶一个女人。

一妻多夫制（polyandry）：
一个女人有不止一位丈夫，通常是嫁给兄弟几人。

一夫多妻制（polygamy）：
一个男人娶了不止一位妻子。

人类学家还遇到了很多其他的婚姻形式……

冥婚（ghost marriage）：
嫁给一个死去的人。

收继婚（levirate）：
与去世妻子的姐妹结婚。

女性婚姻
（woman marriage）：
两位女性之间的婚姻。

婚姻契约支付

在缔结一桩婚姻时，新郎和新娘双方家庭或亲族之间可能有两种付款方式。

聘礼（bridewealth）：男方及其亲族付给女方及其亲族。

嫁妆（dowry）：女方亲族支付给男方或夫妻二人。

家庭及其相关范围被看成是女性的领地。**菲丽斯·卡伯里**（Phyllis Kaberry，1910—1977）于 20 世纪 30 年代在澳大利亚土著人之间做过田野调查，她将女性描述为"积极的行动者"。她在澳大利亚和西非的研究随着女性主义人类学的崛起及其对性别研究的关注而获得了全新的盛名。

女性人类学家越来越多地论证说，在人类学家当中一直存在男性偏见。

对这个观点的重新审视彻底改变了人类学理解和研究以下主题的方式：家庭、性别、性、身体、人与人之间的关系以及自我。

菲丽斯·卡伯里

亲属关系研究

　　亲属关系（kinship）研究人们是如何彼此联系的，研究亲属关系组织的不同方式，以及亲属关系、亲属身份所履行的功能。**罗宾·福克斯**（Robin Fox）在《亲属与婚姻：人类学观察》（*Kinship and Marriage: An Anthropological Perspective*，1967）一书中声称……

(exists P ((P v Q) & (-P v R))) <-
v R)

(exists P ((P v Q) & (-P v R) v (-
S))) <-> ((Q v R) & (Q v S))

(exists P ((P v Q) & (-P v R))) (exists P ((R(a) v Q) & (-P(b) v
<-> (a = b -> (Q v R))

(exists P ((P v Q) & (-P v R) v (-P v S))) <-> ((Q v R) & (Q v S))

(exists P ((P(a) v Q) & (-P(b) v R))) <-> > (Q v R))

亲属关系之于人类学，正如逻辑之于哲学或者裸体人像之于艺术。它是该学科的基本训练。

它也是令该学科得以产生的观念。

亲属与婚姻　人类学观察

亲属关系密码

　　亲属关系图看起来好像一套复杂的密码,因为人类学家正是这样理解亲属关系的运行方式的——他们将其看作组织和解释整个社会的"密码"。

亲属标志

F=Father（父亲）

M=Mother（母亲）

P=Parent（父母）

B=Brother（兄弟）

Z=Sister（姐妹）

G=Sibling（兄弟姐妹）

S=Son（儿子）

D=Daughter（女儿）

C=Child（子女）

H=Husband（丈夫）

W=Wife（妻子）

E=Spouse（配偶）

e=older/elder（年长）

y=younger（年轻）

ss=same sex（同性）

os=opposite sex（异性）

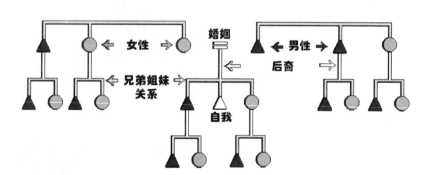

亲属关系不限于也不同于单纯的生物学关系。有些社会并不认为生物学上的"受孕"是构成亲子关系的唯一方式，例如马林诺夫斯基所说的……

Genitor：文化层面承认的生物学父亲

Pater：社会层面的父亲（包括养父）

Genetrix：文化层面承认的生物学母亲

Mater：社会层面的母亲（包括养母）

亲属类别

不同的社会对不同类型的亲属关系有不同的认识和称呼。

这就是人们所说的亲属类别术语（classificatory kinship terminology）。

比如说，一家兄弟的所有子女都可以划归兄弟和姐妹的类别。一个人所拥有的关系类别对于以下问题都十分重要：他们能够或应该和谁结婚，有没有继承遗产的权利以及其他各种家庭和社会义务。

拟亲属关系

除了分类别的亲属之外，还有各种类型的*拟亲属关系*（fictive kinship）。*教父*或*教母*是拟亲属，而且这种关系可能是重要的，不仅仅因为他们在基督教的洗礼仪式上是受洗孩子的引领者，还是孩子此后的人生中社会层面的引领者，此外他们也是紧密的家庭关系之外较为松散的外部关系来源。

compadrazo 是一种介乎教父教母与亲生父母之间的拟亲属，这种亲属关系可以彼此提供支持或钱财，可以在宗教节日或生活中的艰难时刻相互扶持合作。

拟亲属关系可以是不平等的。

父母可以为孩子寻找社会地位更高的拟亲属，由此得以增进他们自己以及孩子的利益。

人际关系图的分布构建了更宽泛的亲属关系模式和系统。

继嗣理论

亲族（或者世族）将各代成员按照嫡传原则联结在一起。这就是*继嗣理论*（descent theory）的基础。所有能够将血缘追溯到同一个最终祖先的人就会形成一个**宗系**（lineage）。追溯继嗣和构建宗系依据不同的原则。

父系的（patrilineal）继嗣是按照父亲、父亲的父亲、父亲的父亲的父亲等顺序追溯的……

……它取决于有多少世代得到了统计和记载。

族群内任何男性成员的子女，无论是男是女，都是该族的成员。

母系（matrilineal）继嗣是按照母亲、母亲的母亲、母亲的母亲的母亲这样的顺序来追溯的。在同一条母系血脉中的子孙都是其后裔。母系继嗣不像父系继嗣那么常见，但是存在于世界各地的不同社会共同体当中。母系继嗣一定要和**母系社会**或者说**母权制**区分开来，后者是指女性掌握及运用权力和权威。

在母系继嗣的社会中，权力与权威依然由男性掌握。

母亲的兄弟是母系继嗣族群的男性首领。

母系继嗣并不意味着父亲无足轻重。

双重继嗣（double descent）：在这个体系中，一个人属于两个亲属族群，一个父系的一个母系的，这种情况十分少见。它必须和*补充性亲嗣关系*（complimentary filiation）加以区分，后者是与亲属系统相对的亲属义务。

并系继嗣（cognatic descent）与**双边**继嗣（bilateral descent）：一个人同等地与父亲和母亲的家族相连，而且并不存在父系继嗣或母系继嗣的族群。

婚姻与居住规则

亲属关系结构是以婚姻规则为基础的——谁是合适的或者恰当的婚姻对象？

它也同时决定了居住规则——夫妻应该居住在哪里？是和男方的亲属一起住，还是和女方的亲属一起住？

从夫居（virilocal residence）：妻子要搬到丈夫的居住地生活，这就产生了父系的亲属关系。

从妻居（uxorilocal residence）：丈夫要搬到妻子的居住地生活，这样母系家族中的女性就在一起生活。

从舅居（avunculocal residence）：与丈夫的母亲的兄弟一起生活，这就产生了由母系家族中的男性所构成的村庄。

亲属用语

亲属关系要求我们追问，有特定名称的亲属关系要求什么样的权利和义务、责任和职责。在这些有名称的、被承认的亲属关系中，人与人之间什么样的行为是恰当的？

在人类学家看来，*亲属用语*（the idiom of kinship）构建了社会中大多数的政治、经济和宗教活动。它是社会的主要机构。

作为最强的社会纽带，亲属关系是原始社会维持秩序和创造凝聚力的方式。

或者你"发现"它是因为你预期会发现它，就像历史曾经预言的那样。

亲属关系的"用途"？

　　单系继嗣理论（unilineal descent theory）及其对于社会研究和概念化的方式所产生的后果逐渐成为人们激烈争论的话题。在谢弗勒（H.W. Scheffler）于 1966 年发表的文章《人类学中的祖先崇拜，或继嗣和继嗣群观察》中，他论证说，在不同的族群里，人们使用"继嗣"概念的目的有极大差异，即使是在同一个族群内部也是如此，而且"继嗣"概念不一定发展成合作群体结构。

但是另一种理解亲属关系的可能方式已经出现在人类学当中。

联姻理论与乱伦禁忌

联姻理论（Alliance theory）最早是由**克洛德·列维－斯特劳斯**（Claude Lévi-Strauss，1908—2009）在《亲属关系的基本结构》（*The Elementary Structures of Kinship*，1949）一书中提出来的。它是对族群、家庭以及个人之间通过婚姻构成的关系所做的研究。联姻理论家反对那种将继嗣群看成是社会基础的观点，相反，他们认为继嗣群是各个族群之间换婚关系的"元素"。

乱伦禁忌（incest taboo）是文化的基础。人类学家已经发现，乱伦禁忌是普遍存在的，不过在不同的文化中有不同的运作方式。

乱伦禁忌是对具有特定亲属关系的人们之间的性关系所提出的禁令。

在那些所有成员都是"亲属"的社会中，可能有某些类型的亲属之间被允许结婚和发生性关系。

心灵中的结构

列维－斯特劳斯对于人们在执行社会规则时心灵中的模式或"结构"感兴趣——这里所说的规则指的是婚姻规则。他论证说，基本结构反映了人类亲属关系的最早形式。

基本结构对婚姻给出了肯定性的规则——或者说是乱伦禁忌的反面。

比如说，你必须和表兄妹结婚。

复杂结构则给出了否定性的规则。

你不能和你的姐妹结婚。

克罗－奥马哈系统（the Crow-Omaha system）介于基本结构和复杂结构之间，并包含了大部分（不过不是全部）使用克罗式或奥马哈式亲属关系用语的社会。

虽然这个系统规定了不能和谁结婚（复杂结构），但是实际上还存在如此众多的禁令，使其实际操作与基本结构十分相似。

基本结构的形式

一般交换（generalized exchange）：族群 A 的女性给族群 B 的男性做妻子，族群 B 的女性与族群 C 的男性结婚。

延时限定交换 / 延时直接交换（delayed restricted/delayed direct exchange）：各族群间的女性按一个方向依次嫁给下一个族群，下一代女性则按反方向嫁出。这种情况十分罕见。人类学家认为，这只是一种理论上的可能性。

限定交换 / 直接交换（restricted/direct exchange）：族群 A 将女性嫁给族群 B，族群 B 把女性嫁给族群 A。

各种通婚准则为：

母亲一方的舅表亲：一个男人娶了他母亲的兄弟的女儿。

父亲一方的姑表亲：一个男人娶了他父亲的姐妹的女儿。

半偶族（moieties）：字面含义为"一分两半"。它指的是一个共同体仅有两个继嗣群，他们之间互相通婚。

联姻理论是否有效？

联姻理论引发了激烈的争论。逐渐地，人们发现，婚姻规则十分灵活，能够根据不同民族间非常不同的目的而加以不同的运用——即使同一个民族也是如此。

在《亲属关系研究批判》（*A Critique of the Study of Kinship*，1984）一书中，**大卫·施奈德**（David Schneider）建议人类学家不要再寻找"亲属关系"，因为它是一个愚蠢而糊涂的领域。

那么，亲属关系研究出现了什么问题？它依然是一个重要的主题，但亲属关系不再是能够解释一切的研究。对于那些研究人类繁衍的社会组织的人来说，亲属关系这一主题依然具有吸引力。对于那些研究性关系、人格同一性的定义以及性别角色是如何在文化层面被建构起来的人来说，它也是很有趣的主题。

一些全新的语言已经进入这个主题。比如*自我*（self）、*能动性*（agency）、*性别*（gender）、*价值与情感生活*（the life of values and affect）、*人格*（personhood），它们都已经成为人类学的组成部分。这套新术语标志着研究焦点的转移。

人类学家并没有强行采取那些关于亲属关系的预设，而是试图理解亲属关系对于其他民族自身而言意义何在。

我相信，迟到总比不到好。

政治学与法学

关于亲属关系的经典观点强调它在维持社会秩序方面的重要性。这自然会通向对以下主题的研究：政治学和法学、社会中的权威、权力、控制和决策的结构。政治学的研究有两条基本路径。第一条是**类型论**（typological approach），它划分了不同类型的政体，并将政治组织和基本生存方式以及亲属关系模式联系起来。以下是几个基本的例子……

族群社会（band societies）通常包括狩猎者和采集者（不过也可能有渔民或种植者），他们的社会文化是以亲属族群为基础的。

部落社会（tribal societies）通常包括牧民（饲养家畜是主要生活来源）或种植者。其社会结构的基础是宗族和世系；年龄和性别可能成为重要的因素，正如在那些年龄等级社会（age grade societies，见本书第 100 页）当中一样。他们可能是 acephalous（字面意思是无头的），意思是没有首领。

其他例子……

　　首领社会（chiefly societies）的经济基础是家畜饲养、园林种植和密集型农业。这些社会由世袭的首领统治，他们拥有权力、权威并经常继承大量财富。

首领可以仲裁争议、分配土地，并对产品进行再分配。

有时候我们也因自身的地位而拥有超自然力量和宗教领袖身份。

国家社会（state societies）以密集型农业为基础，通常也立足于一个发展成熟的市场体系，它有广泛的贸易网，包括对内贸易和对外贸易。这样的社会人口密度很大，可能会根据阶级来进行划分，也可能使用其他的社会分层方式，比如说种姓原则。

术语分析法

类型分析法（the typological approach）显然包含了"政治结构从简单演进为复杂"的观念。这尤其和**埃尔曼·瑟维斯**（Elman Service，1915—1996）及其著作《民族学概要》（*Profiles in Ethnology*，1978）有关。

这类术语可以应用于所有的政治系统分析。**M.G. 史密斯**（M.G. Smith）在其 1960 年出版的著作《扎造政府》（*Government in Zazzau*）中描述了这种方法。

政治人类学

政治人类学审视并比较以下各个不同的系统：社会控制，权力结构，合意范围，平等和不平等的模式，首领如何通过传统、武力、说服及宗教建立或巩固他们的权威。

一个重要的概念是**社会分层**（social stratification），它强调社会中平等和不平等的原则。

有很多方式将社会中的人进行分级——就像我们现在将要看到的。

年龄等级社会

在东非，像马赛人这样的社会根据年龄对人们进行分级。

社会角色和权威都是根据一个人所属的年龄等级而加以确定的。

各世代与那些确保年龄级别之间延续性的机制之间，存在着紧张关系，对这种紧张关系的研究在**马克斯·格拉克曼**（Max Gluckman，1911—1975）的**过程研究法**（processual approach）的发展中占据了重要地位。他的经典研究著作包括《非洲的习俗与冲突》（*Custom and Conflict in Africa*，1955）和《部落社会中的政治、法律与仪式》（*Politics, Law and Ritual in Tribal Societies*，1965）。这种研究路径是格拉克曼领导的**曼彻斯特学派**的独特方法，该学派的成员主要都在曼彻斯特大学。

共时观 vs 历时观

早期的功能主义和结构功能主义是由马林诺夫斯基和拉德克里夫－布朗发展起来的，这种理论认为政治是嵌入亲属关系当中的。这些方法产生了一种静态的、强调**共时**（synchronic）实践的社会观。

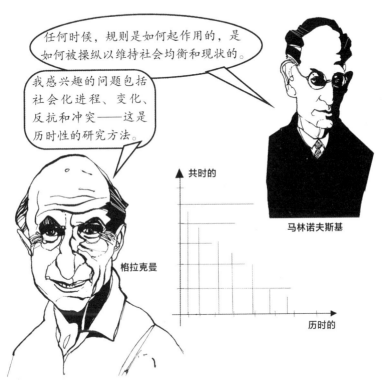

> 任何时候，规则是如何起作用的，是如何被操纵以维持社会均衡和现状的。

> 我感兴趣的问题包括社会化进程、变化、反抗和冲突——这是历时性的研究方法。

马林诺夫斯基

格拉克曼

共时的

历时的

社会进程是如何在时间过程中展开的，对此格拉克曼发展了一种**历时性**（diachronic）的理解。他区分了……

反叛：取代当权者。

革命：取代或者改变权力运作的系统。

格拉克曼提出，在政治系统中，不稳定是常态，而造反就是政治系统中一项永恒的进程。

其他的社会分层

阶层社会（class societies）的分层是因获取政治权力和经济物品的不平等而产生的。

种姓社会（caste societies）的分层原因，除了社会和经济方面的不平等之外，还有仪规和宗教方面的原因。

印度的种姓制度是**路易·杜蒙**（Louis Dumont, 1911—1998）的经典研究《阶序人》（*Homo Hierarchicus*, 1967）的主题。

交易身份

政治学提出了边界问题：族群身份和权威的界限……

以及内聚（cohesion），在边界内维持稳定和控制。

富

贫

这些策略之间的紧张关系令人类学家对**种族**（ethnicity）和**国家主义**（nationalism）产生了兴趣。

弗雷德里克·巴斯（Fredrik Barth，1928—2016），特别是他的著作《族群与边界》（*Ethnic Groups and Boundaries*，1969）一书，引入了**相互影响论**（transactionalism）这个概念。巴斯更早的一本著作《斯瓦特巴坦人的政治领导》（*Political Leadership Among Swat Pathans*，1959）表明了头领如何通过交易，通过在冲突和结盟之间反复摇摆的持久"游戏"来维持人们对他的忠诚。由这个概念，进而研究种族研究中的身份协商问题。

种族问题

种族（ethnicity）一般来说涉及族群如何将自己区分出来，并产生"我们"（"we"/"us"）的概念。人类学家关心的是人们表达这些差异的不同方式，以及人们如何体验它们。它和**人种**（race）不同。

"人种"将其他族群区分出去，并在"我们"和"他们"之间进行区分，区别的方式就是制造关于他者及其生活实践的刻板印象。

可能的后果就是导致种族主义、歧视与暴力。

他们
我们

他异性（alterity）即经过异化和物化的他异性概念（alien-objectified otherness），它是人类学近来出现的新概念。它意味着，所有的社会和族群都具有他异性概念。但是它也包含了对人类学自身的历史与实践的一场"自反性的"（self-reflexive）争论。

殖民主义

殖民主义是一个社会对另一个社会的政治统治和控制，殖民主义研究是人类学领域的另一个后来者。曼彻斯特学派与罗兹－列文斯顿研究所（Rhodes-Livingstone Institute）做出了对于社会变迁的研究，以及对部落生活和城镇生活差异的研究，这些研究使得殖民主义的存在变得可见，且与人类学息息相关，而不再是不可见的、不相关的。

在那之前，我们"原始人"从来没改变过！

殖民地政权对头领和统治者就任典礼和仪式所产生的影响，被清楚地揭示为一种改变人们关系的"建设性进程"。

其他研究涵盖了西方法律体系被非西方民族接纳和修改的种种方式。

105

反资本主义的人类学

马克思主义影响下的人类学家关注殖民与后殖民，反对资本主义与国家。由此产生了看待文化与政治交织的新视角。新的概念和新的术语进入了这个领域。

中心—边缘（centre-periphery）是**伊曼纽尔·沃勒斯坦**（Immanuel Wallerstein，1930—2019）在其著作《现代世界体系》（*The Modern World System*，三卷本，1974—1989）中加以发展的概念。

"**依附**"（dependency）是**安德烈·冈德·弗兰克**（André Gunder Frank，1929—2005）在《拉丁美洲的资本主义与不发达》（*Capitalism and Underdevelopment in Latin America*，1967）一书中提出的概念。

中心就是权力发挥作用的处所。边缘则是受到中心所做的决定影响的地方。

资本主义的发展依赖于殖民剥削并产生了依附、贫困以及对殖民地发展的种种障碍。

冈德·弗兰克

人类学家也在文化方面发展了"**全球的**"（global）和"**本土的**"（local）的观念。人类学家在研究附属族群的日常实践时，看到的是非正式的结构：**间质的**、**补充的**、**平行的**行动形式，体现在**联盟**、**派系**和**人际关系网**当中。

"**发明传统**"（invention of tradition）这个概念来源于埃里克·霍布斯鲍姆（Eric Hobsbawm）和特伦斯·兰杰（Terence Ranger）编撰的同名文集（1966），它一直被人类学家用来探究各种不同的国家主义中的**文化政治学**（politics of culture）。

在《弱者的武器》（*Weapons of the Weak*，1985）一书中，吉姆·斯科特（Jim Scott）将政治看作日常抵制的模式……

这曾是一种趋势的开端，目的在于研究少数族群的运动，焦点在于暴力政治与抵抗国家统治。

法律人类学

人类学家区分了**法律**（law）和**习俗**（custom），但是也表明了这两个概念在应用中几乎没有差别。

保罗·鲍哈南（Paul Bohannan）在《法律与战争》（*Law and Warfare*，1967）一书中将法律与习俗和行为规则区分开来，因为它是"双重制度化的"——意思就是，法律将源自其他机构的习俗或规则重新加以制度化。法律是"一种一再重申以使其合乎法律机构活动的习俗"。

美国人类学家 E. 亚当森·霍伯（E. Adamson Hoebel）在《原始人的法律》（*The Law of Primitive Man*，1954）一书中认为，法律蕴含了三条原则。

1. 正当使用武力以确保正确的行为、惩罚错误的行为。

2. 将权力分配给个人以使用强制手段。

3. 尊重传统，而不是一时心血来潮。强制执行必须基于已知的现有规则，无论这些规则是习俗还是法规。

解决争端的机制

回避（avoidance）发生在狩猎者－采集者社会。

社会空间是巨大的，社会控制的正规机制则是相对发展不充分的。

占卜或神明审判可以被用来发现导致人们之间彼此冲突和侵犯的原因。

调解、协商、仲裁和裁定产生了各种约定措施，它们不仅仅解决冲突和争端——冲突和争端都是社会架构中普遍存在的紧张关系。这些措施所处理的方面包括解决纠纷和特定的争端摩擦，而且可能涉及进行赔偿或执行惯常制裁。

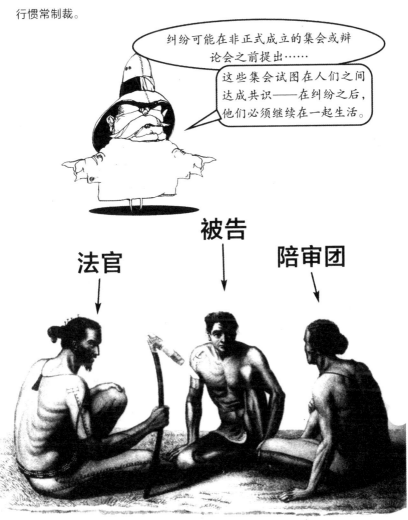

纠纷可能在非正式成立的集会或辩论会之前提出……

这些集会试图在人们之间达成共识——在纠纷之后，他们必须继续在一起生活。

法官

被告

陪审团

可能会有具体的（通常会仪式化）群体被赋予权威去仲裁和裁定纠纷。纠纷也可以由正式成立的法庭予以处理。

宗教

对宗教信念的研究是人类学家感兴趣的主要领域，他们已经将宗教组织和实践划归多种不同的形式。

泛灵论（animism）相信，自然现象如山川、河流或树木当中都有灵魂存在。

与大多数早期人类学家一样，泰勒爵士论证说，这是最古老的宗教形式。

拜物教（fetishism）是另一个早期人类学家感兴趣的话题，他们以为，"原始人"制造那些被认为具有魔法力量的物品。

尽管存在对物品的崇拜，但这并没有为某种信念系统构成基础。

图腾崇拜（totemism）是一个奥吉布韦（Ojibway）词语，来自北美五大湖区。图腾是由动物物种代表的精神实体。一个具体的图腾标志着一个氏族。共有同一个图腾的人不能通婚。一个人也可以有一个图腾，个人的守护神可以与某种饮食禁忌相关，"你绝对不能吃那些代表了你的图腾的动物"。另一种图腾形式则属于神圣地区的精灵。

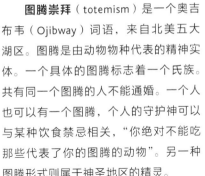

在《图腾制度》（*Totemism*，1962）一书中，列维－斯特劳斯论证说，并不存在所谓的图腾崇拜。

这个词不是用于某一个单一的现象，而是用于多个现象。

主要的区分在于，一种"图腾"是氏族或其他社会群体的徽章，另一种"图腾"则包含了食物禁忌以及一系列神圣的团体。

萨满教与船货崇拜

萨满（shaman）擅长宗教活动，他沟通了人类世界和精灵世界、人与动物，或生者与亡者。

这是一个用来表示"术士""巫师"和"巫医"的政治上正确的术语。

船货崇拜（cargo cults）和千禧年运动（millenarian movements）想象了世界的终结或新时代的黎明。

船货崇拜是根据在美拉尼西亚群岛所研究的运动命名的，在第二次世界大战之后尤其盛行。船货指的是贵重的西方货物。有时候，先知会宣告，他们的祖先即将跟随"船货"回归，这些船货在全新的时代里将由当地土著自己掌控，而不是由白人掌控。北美的类似运动被称为**本土主义**（nativistic）运动或**复兴**（revitalization）运动。

另外两种基本的宗教形式是：**多神论**（polytheism），即相信存在着不止一位神祇；以及**一神论**（monotheism），即相信只存在一位神。法国社会学家**埃米尔·涂尔干**（Emile Durkheim，1858—1917）所著的《宗教生活的基本形式》提供了看待宗教的两种视野。第一种是**功能主义的**（functionalist）视野：宗教作为信仰和行动，是由它的实际所为来界定的。

宗教是一种社会创造，它增强了社会团结。

第二种视野是"神圣的"和"世俗的"之间的基本区分，我们下面将会看到……

埃米尔·涂尔干

神圣的与世俗的

神圣（the sacred）与日常世界不同，它包含了隐藏的、被禁止的，或是特殊的知识与实践活动，比如与仪式相联系的禁忌。

它与魔法力量、精神或神性相联系，而且可以与宗教和巫术活动有关。

世俗（the profane）属于日常的世界，包含了日常的知识和侧重功效的实践活动。

它与日常生活相联系，尤其是与世俗活动相关的那些物质存在。

魔法人类学

信仰系统也可以包含妖术和巫术，有时候统一称为"**魔法**"（magic）。

妖术（witchcraft）包含某种个体生来就具有的、邪恶的魔法力量。

巫术（sorcery）包含某种通过学习获得的，而不是天生的邪恶力量。

E.E. 埃文思－普里查德（E.E. Evans-Pritchard，1903—1973）创作了影响深远的巨著：《阿赞德人的巫术、神谕和魔法》（*Witchcraft, Oracles and Magic Among the Azande*，1937）。阿赞德人痴迷于妖术。埃文思－普里查德表明，这种信仰有其自身的逻辑与合理性。它从一种超越理性主义因果论的层面来解释个人的好运与厄运。

关于信仰的争论

埃文思－普里查德的研究在"什么是合理的信仰？"这一争论中变得十分重要。这场争论质疑了**理性**和**合理性**的含义。它探究了"**文化相对性**"（cultural relativity）这个概念，即从信仰者和实践者的视角，根据各自的文化语境去理解观念、信仰和实践。

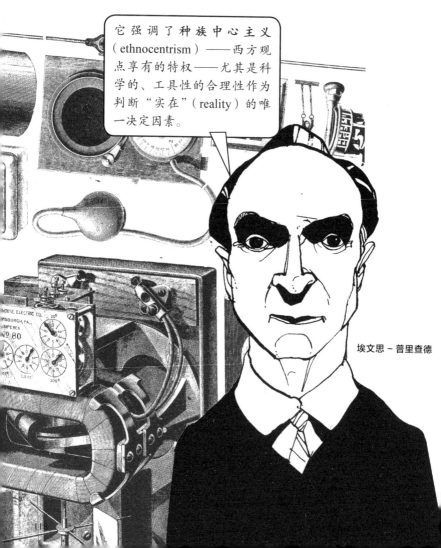

它强调了种族中心主义（ethnocentrism）——西方观点享有的特权——尤其是科学的、工具性的合理性作为判断"实在"（reality）的唯一决定因素。

埃文思－普里查德

审视仪式

宗教涉及**仪式**，而且可能会通过**神话**和**象征主义**（symbolism）表达出来，这些可能都影响了**艺术**并成为它的一部分。仪式可以标示出个人生命周期中主要的社会事件或阶段。在各种仪式当中，信仰体系得以呈现，象征性地付诸实施并得到加强，并由此在个体和集体两个层面都维护并构建了价值意义。

仪式表达的是同一性，无论是个体的还是集体的……

它们都可以有助于解决或释放社会张力和冲突，并提升社会凝聚力或团结。

过渡仪式

阿诺德·范·热内普（Arnold Van Gennep，1873—1957）撰写了关于过渡仪式（rites of passage）的经典研究著作——过渡仪式就是标志着一个人生命周期当中主要事件的那些仪式。这些场景可以有以下名称……

命名仪式（naming rites）标志着从"非人"到"人"的转变——从一个共同体外部的人转变为共同体的成员。

成年礼（initiation rites）标志着从一个身份到另一个身份的转变，尤其是从孩子转变为成年人。

婚礼仪式（marriage rites）标志着从单身到已婚身份的转变。

葬礼（funeral rites）标志着从人到先人的转变——从当前的世界转往另一个世界。

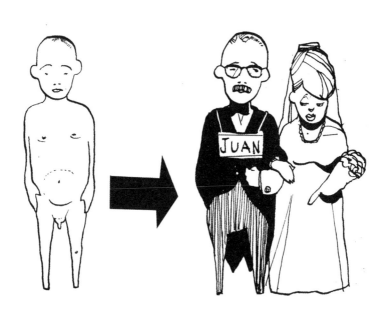

所有过渡仪式都包括三个阶段。**分离**：在仪式举行之前离开人群，在此前的身份与仪式上将要获得的身份之间创造出空间的和象征的距离。**转变**：*起步*的阶段（来自拉丁文中表示"门槛"的那个词），这是仪式的大部分活动进行的阶段。转变期和获得新身份的过程可能是危险的，也可能对后来有重大影响。

它可能涉及对正常状态的颠覆——推翻那些已经为人接受的行为或类别。

它可能在一个群体的个体成员间创造特殊的联结，这些成员共同参加了这个仪式。

它可能涉及新知识的传递与获取。

在典礼完成的时候，已获得新身份的个体重新结成共同体，这就是**合作**。

神话研究

　　神话就是故事——它们在本性上是神圣的或具有宗教性——它们的主旨更为社会化，而不是个人化的或是逸闻。它们涉及各种现象的起源或创造，无论是自然的、超自然的还是社会文化的。神话可以在特定的仪式上加以表演。神话和仪式都有共同的象征元素，并且都是创世的、宗教表达的补充。

博厄斯将神话看作有关文化和文化特性的信息储藏室，同时也是族群间地区关系的指针。

马林诺夫斯基将它们看成是"社会行动的章程"，意思是用来解释并说明人们的作为、习俗和行为，并证明其正当性的合理化过程。

克洛德·列维－斯特劳斯

　　与神话研究联系最为紧密的法国人类学家**克洛德·列维－斯特劳斯**最初研究的是法律和哲学。1934年，他前往巴西教授社会学，但是最终却在博罗罗印第安人（Bororo Indians）当中进行田野研究。

神话是一类思想——普遍的"结构原则"的一个例子，这些原则为一切人类文化和社会系统奠定了基础。

　　神话被用来反思、象征性地调解或解决普遍的与文化上特定的矛盾或对立。对立在列维－斯特劳斯的结构主义体系中尤为重要。

二元对立与结构

对立是**二元的**（binary）：死亡／创生，母亲的／父亲的，生的／熟的。神话无休止地将这些不同的象征元素结合、再结合。各个神话的不同版本表明了神话知识和思想是不断创造和修改的。对列维－斯特劳斯来说，文化的本质就是结构，每一种文化都有它自身的格局或结构。这些结构是作为一个世界体系的组成部分而存在的，该体系包括了所有建立在人类心理统一性基础上的、可能存在的结构。

我关注的是理想的社会结构。人类学家抽象地算出了所有可能的排列。

所以，结构就有两个形式：一个是人类学家所以为的，一个是被研究的人们所认为的。谁的想法更重要呢？

符号与传播

　　象征符号（symbol）在关于仪式和神话的讨论中占据核心地位，并提出了**意义**和**传播**的问题。符号论研究已经发展出不同的方法，比如**符号人类学**和**认知人类学**，其概念和术语都是从**语言学**和**符号学**（semiotics）借用的。

但是需要格外小心，因为它们可以被不同的作者以相反的方式加以使用。

你的意思是，他们边用边改？

125

符号与社会进程

维克多·特纳（Victor Turner，1920—1983）是曼彻斯特学派的重要成员，他的研究焦点是符号是社会进程的一部分。他论证说："我们通过各种迹象（signs）来把握这个社会，……通过符号（symbols）……来把握我们自己。"

在特纳看来，是动机（motivation）将符号与迹象区分开来，符号是与自然和情感意义相关联的。

所以它并不是任意的。

特纳引入了"**交融**"（communita）这个概念，它是一种通过象征主义而获得的文化的原始基础和创造冲动。

行动者、信息与准则

象征主义的人类学研究方法强调**行动者**——即使用或涉及象征主义的人——甚于**信息**，信息甚于**准则**（code）。

所谓"准则"，可以指一系列规范准则，比如礼仪规则。

或者是一系列转录规则，即从一个领域或层面转到另一个领域或层面……

……信息包装、传递和表达的方式，以及形式与内容相互影响的方式。

格雷戈里·贝特森（Gregory Bateson，1904—1980）将文化看作一种信息生产和传播的机制。他引入了"**游戏**"（play）和"**元传播**"（metacommunication）的概念。象征主义和仪式中的游戏和创造都是活动，人们通过这些活动扩展并重组自身的意识。

象征主义与新视角

象征主义研究在人类学近来的发展中一直都很重要。

大卫·施奈德的**符号人类学**将文化看作一套完整的意义与符号系统。符号系统不应该被分割成最小单元，也不应只与社会组织（比如经济、政治、亲属关系、宗教）的具体方面相关联，相反，应该将它作为整体加以研究。

认知人类学（cognitive anthropology）从语言学当中借来了音声（sound）之间的区分，也即音素（phonetic）和音声的意义单元音位（phonemic）。这个区分后来变成"**非位学**"（the etic，指任何类型的单元）与**位学**（emic，指任何类型的意义单元）之间的区分。非位学是一位"客观的"观察者所能看到的普遍物的层面，而位学则是某种特定语言或文化内部的、有意义的对比。如此一来，文化就被看成是一种观念系统，一种知识和概念系统。

解释人类学（interpretive anthropology）是从埃文思－普里查德研究阿赞德人的巫术和努尔人的宗教的著作开始的，现在则与美国人类学家**克里福德·格尔茨**（Clifford Geertz，1926—2006）的研究联系最为紧密。格尔茨提出了作为"**文本**"（texts）或"**被实践的文稿**"（acted documents）的文化系统研究，认为应该通过构建文化生活的细节，将其作为"**厚实的描述**"（thick description）来加以研究，这是一种民族志研究的方法论。

格尔茨批判了他所谓的列维－斯特劳斯的"睿智的野蛮人"，及其"密码式式的"（cryptological）研究方法，这种研究方法将符号作为封闭的结构加以研究，而不是将其看作从社会物质材料当中建构出来的文本。

意义来自目的，而不是形式结构。列维－斯特劳斯的焦点在于符号元素的内在关系，这偏离了实际生活的日常逻辑。

在其发表于 1966 年的文章《宗教作为一种文化系统》（"Religion as Cultural System"）中，格尔茨将宗教定义为"一种符号系统，其活动是为了在人身上建立强烈、普遍和持久的情绪与动机，方式则在于构造一种普遍的存在秩序，并为这些情绪和动机笼罩上一种事实性的光环，这样一来，这些情绪和动机看起来就成了唯一的现实"。

艺术人类学

宗教、信仰、仪式和象征主义都与人类学家的另一个主要兴趣有关：**艺术**。艺术人类学最关注的是实物，例如雕塑、面具、绘画、纺织品、篮子、罐子、武器和人体本身。这些东西不仅被看作**审美**对象，因其美丽而受到赞赏，而且在人们的生活中发挥着更广泛的作用。

对艺术的人类学研究包括这些对象中所编码的象征意义……

以及生产它们的材料和技术。

在很多社会中，艺术家不被特别认可为"个人创作者"，他们的作品也不会作为一个独立的**高雅文化**（high culture）的一部分而出名。艺术创作往往是大众的，是集体的，而不是个人的。

功能和美之间的区别可能没有任何意义。

艺术和**手艺**的区分可能并不重要。

创造力和创新的概念在不同文化中有很大的不同。

视觉人类学

另一个最近的发展是视觉人类学。对视觉系统的研究已经扩大到包括对当地摄影实践和当地电视电影制作的研究。

视觉人类学以**民族志电影**的方式最容易接近，而民族志电影是人类学家研究和撰写的关于事件、仪式、活动和背景的视觉记录。这包括人类学家在野外工作过程中记录和制作的视觉材料。

正在消失的世界

电视连续剧《正在消失的世界》(*Disappearing World*，1970) 是一部经典的民族志电影。有些电影已经臭名昭著，比如拿破仑·查冈（Napoleon Chagnon）和蒂莫西·阿什（Timothy Asch）关于委内瑞拉热带雨林中的亚诺马莫印第安人的电影《盛宴》(*The Feast*)。

看看本书第 163 到 165 页，你就会发现查冈究竟做了什么……

一部电影会提出很多问题。这些事件是事先安排好的吗？摄制组的出现会对被记录的事件产生什么影响和冲击吗？电影是否将视觉意象对观众的情感影响置于分析之上？

新枝或老根？

一些人类学家认为，**应用人类学**及其相关的**发展人类学**领域应被看作该学科的新枝。争论焦点在于，"发展"是否只不过是殖民关系的重现而已——"欠发达／发达"只是对"原始／文明"的重新表述。

人类学已经成为发展机构的理论和实践的一部分……

……自发性组织、国际组织和政府。

它已经成为治理实践的一部分——亨丽埃塔·摩尔写道，"人类学长期以来就想让自己对政府有用"。

野外记录

一旦在现场收集了数据，就必须记录下来。展示野外工作的标准方法是**民族志专著**（ethnographic monograph）。经典的民族志可以采取很多形式编纂而成。

滴水不漏的叙述——对社会生活的详细描述，往往很长，而且将其中各种细节都编织在一起，而不是将它们组织为彼此独立的论题领域。

生命周期民族志——按照从童年到老年的渐进发展，利用生命周期中的每个阶段来组织社会生活、仪式和信仰在各方面的表现。

由社会系统来组织——按照环境、经济、政治、法律与社会控制、亲属关系、仪式和信仰来组织的材料。往往以讨论社会变化为指归。

在当下写作

经典民族志专论的主要手段是著述**即时的民族志**（the ethnographic present）。这不仅仅是现在时态的著述，也可以是**非历史性**的著述，也就是说，所要表现的是看待一个民族的文化和生活方式的视角，就像时间和变化或外部影响并不存在。

即时的民族志呈现了对民族的一种描绘，这种描绘将民族看作遥远的、孤立的、离散的实体。

它关注的是对规范性规则的遵守，而不考虑一个社会内部的反常和变异。

即时的民族志是一幅冻结的肖像，其所传达的结论是：一种文化中的一切东西都是适宜的，其功能在于使该文化保持*静态*（*in stasis*）——一种无休止地繁殖同样模式的持续稳定的平衡。

一篇民族志专论在提出关于人类学理论问题的论证的时候，可以同时呈现对一种特定文化的描绘。之所以要选择田野调查地点，是因为它被认为有可能产生与特定的理论兴趣相关的材料，并提供证据来回答特定的理论问题。

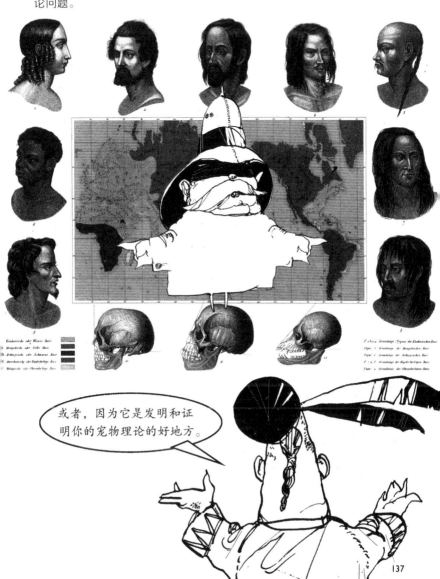

或者，因为它是发明和证明你的宠物理论的好地方。

自传人类学

古老的民族志往往通俗易懂，引人入胜，妙趣横生。民族志越现代，就越浮夸，充斥着行话和"术语上的挑战"，且往往固执己见、不可理喻。

当你达到自传人类学——那种几乎就是人类学家的自传的民族志时，你就知道自己是在当今了。

在最初的 50 年里，现代人类学很乐意用这种方式来从事民族志研究并削去老根。然后一系列辩论开始了，并因此而改变了这门学科。第一个辩论关系到一个名叫"迪坡斯特兰"的墨西哥村庄。

迪坡斯特兰的双重性

1930年，**罗伯特·雷德菲尔德**（Robert Redfield, 1897—1958）出版了《迪坡斯特兰：一个墨西哥村庄》（*Tepoztlan: A Mexican Villiage*）。雷德菲尔德杂糅了博厄斯式的功能主义、进化论以及德国社会学传统对制约社会行为的规范性规则的关注。他对村庄作了理想主义的描绘，人们在其间和谐共处。

雷德菲尔德变成了一位农民社会理论家。

我发现了大传统和小传统的概念——都市—民间连续体。

罗伯特·雷德菲尔德

雷德菲尔德是在将精英社会知书识礼的都市文化（*大传统*）与农民社区那种主要是口头和非正式的传统（*小传统*）区别开来。来自小传统的要素不断地被大传统吸收和改造。随着时间的推移，这些要素过滤下来，在民间传统中按照当地习俗和价值观被重新解释或转化。

再访迪坡斯特兰

奥斯卡·刘易斯（Oscar Lewis, 1914—1970）造访迪坡斯特兰。在《一个墨西哥村庄的生活：重新研究迪坡斯特兰》（*Life in a Mexican Villiage: Tepoztlan Restudied*, 1951）中，刘易斯使用了一种专注于行为本身的过程研究法，事实表明这种方法与雷德菲尔德的并不一致。

我发现了一个充满党派之争、个人对抗、醉态和斗殴的村庄。

刘易斯继续发展贫困文化的概念。

他论述迪坡斯特兰的著作堪称经典，不仅可读性强，而且极为流行。

奥斯卡·刘易斯

问题：是什么造成了这种几乎完全反转的差异？无法化简的差异来自这两位人类学家。他们对这个村庄的看法不仅仅是*理论驱动*的，也与完全不同的导向相联系。

人类学是一门科学吗？

埃文思 – 普里查德发表了一系列广播讲座，1951 年结集为《社会人类学》（*Social Anthropology*）出版，在这本书中，他质疑人类学是一门科学这一假设。

> 人类学研究的目标是道德和象征系统，因此全然不像自然中的任何系统。

> 人类学家更像历史学家，人类学更像人文科学的一个领域。

早在后现代主义之前，埃文思 – 普里查德就提出了**文化转译**（translation of culture）的想法。他想要尽可能理解所研究的民族的集体心智和思想，然后将这种文化的异质思想转化为西方文化内部的对等思想。这正是历史学家在研究过去时所做的事情。

如果人类学不是科学，而是人文科学的一个分支，那么它有什么权威呢？

一门伪装的科学

在西方社会中，科学被认为是客观的、价值中立的实证研究，因此是权威的仲裁者。人类学要求被纳入这个特权领域的主张受到了埃文思－普里查德的质疑，但是并没有彻底动摇。

然而，后来的人类学家毫不含糊地拒斥了那个主张……

"我们可以假装自己就是收集明确数据的自然科学家，而我们正在研究的人都是生活在各种无意识的决定性力量中，他们对这些力量一无所知，只有我们有钥匙。但这只是假装。"

——保罗·雷博（Paul Rainbow），《墨西哥田野工作的反思》（*Reflections on Fieldwork in Mexico*，1977）

印第安人不在居留地

瓦因·德洛里亚是一位拉科塔族律师，后来成为美洲印第安人国民大会执行董事。五年后，德洛里亚出版了《卡斯特为你的罪孽而死：一份印第安人宣言》，其中提出了一些基本问题。"我们为什么还是人类学家的私人动物园？当学术作品是如此无用、与现实生活不相干时，为什么部落还要与学者竞争资金？"

"也许我们应该怀疑学术共同体的真正动机。他们把印第安人的地盘划定得很好，控制得很好。他们并不关心将会对印第安人产生影响的根本政策，只关心创造新的口号和学说，以便他们由此可以爬上大学的图腾柱。"

——1972 年，在美国人类学协会（AAA）的年会上，德洛里亚向成员们介绍了自己的情况

谁为印第安人说话？

　　20 年后，美国人类学协会举行了一次回顾，结集为《印第安人和人类学家》在 1997 年出版。这部文集以德洛里亚的一篇文章结束，在这篇文章中，他评估了自己对人类学的抨击在 28 年的时间里产生的影响。"人类学依然是一种根深蒂固的殖民训练。我们仍然觉得，让一个盎格鲁人知道这些事情，并让这些知识世代相传，比改变学术事业的格局、取得重大进步更有价值。"

白人即上帝

类似的权威问题也出现在重要的美国人类学家**马歇尔·萨林斯**（Marshall Sahlins, 1930—2021）和僧伽罗人类学家**加纳帕蒂·奥贝塞克雷**（Gananath Obeyesekere）关于"库克船长"的争论中。关于这场争论的资料多得可以塞下一个图书馆。

论题是，夏威夷人是否真的将我错当成他们的上帝，以为我在1779年回归，举行仪式并用恰当的方式向我献祭。

库克船长

或者，"白人即上帝"的神话是不是西方社会构造出来的。

奥贝塞克雷论证说，这个神话在夏威夷人那里反复出现了多次，而人类学则通过其原始思维和心智的观念将其证实为一种非理性的、前逻辑的和迷信的东西。

权威的神话

　　"白人即上帝"是西方思想的基础。"白色的上帝"是墨西哥的科尔特斯和秘鲁的皮萨罗。它隐含在 1607 年弗吉尼亚公司的指示中：防止土著人意识到任何白人受伤或死亡——死亡和神性是不相容的。 萨林斯怒斥奥贝塞克雷让夏威夷人仅仅成为"启蒙运动的理性主义者"。他表面上十分了解夏威夷的原始材料，其实是为了证明人类学是一种客观的、高人一等的知识。

奥贝塞克雷不是夏威夷专家。

但是，既然他本人就来自一个被殖民的民族，他在批评人类学和西方人构想出来的东西上具有优势和权威吗？

当两人在争论时，谁都没有去注意夏威夷土著民族寻求平等和赔偿的社会运动……

视界事件

正当瓦因·德洛里亚一边炮轰人类学时，一群激进的美国人类学家也在发动自己的攻击。戴尔·海默斯编辑的《重塑人类学》是一部在20世纪60年代的总体政治气候——越南战争、民权问题和美国国内的抗议活动——推动下出现的文集。

它倡导在人类学中进行一项改革计划。但这仍然不够。

它对人类学的批评已经成为当代人类学话语的一部分。

147

自我批评的人类学

《重塑人类学》的改革要素导致了多重的解释和方法。

反馈——不仅意味着研究殖民主义对他者的影响，还意味着研究其在西方的后果，这种方法截然不同于西方社会常规人类学的方法。

反身性人类学——通过改变记录和书写现场数据的方法，让研究过程可见、被研究者的声音被听到，并让他们为自己说话。这种人类学已经成为人类学家的自我审视。

倡导性人类学——从非参与性研究转变到参与性研究，参与人类学家所研究的那些民族的经济权利、政治权利、人权以及土地权利困境。但这导致了生存辩论……

人类学的一位英雄

美国的**玛格丽特·米德**（Margaret Mead, 1901—1978）是最著名和其作品被广为阅读的人类学家之一。她的著作《萨摩亚人的成年》（*Coming of Age of Samoa*, 1928）和《新几内亚人的成长》（*Growing up in New Guinea*, 1930）仍然是人类学和其他社会科学学科的标准入门读物。米德本人在大西洋两岸都是一位有影响力的传播者、评论者和知名人士。

我是博厄斯的学生，后来嫁给了格雷戈里·贝特森——另一位有影响力的人类学家。

玛格丽特·米德

格雷戈里·贝特森

他们的子女的经历为其研究提供了基础。

他们的思想对本杰明·斯波克博士的育儿理论产生了至关重要的影响，这些理论后来成为 20 世纪六七十年代父母的必读手册。

米德神话的崩塌

1983年,德里克·弗里曼(Dereck Freeman)出版了《玛格丽特·米德和萨摩亚:一个人类学神话的形成与毁灭》一书,在书中他提出了一系列指控。米德对萨摩亚群岛的调查是理论驱动的。她打算证明自己的老师博厄斯的理论,即教养(文化)高于自然(生物)。她在萨摩亚的研究违反了她的老师的民族志实践,其中包括坐在一个传教士的阳台上接受四个萨摩亚少女的采访。

在这些访谈中,我们与米德分享了自己的性幻想。

我相信这些幻想是"真实的",并使之成为我对萨摩亚社会的分析的基础。

人类学的一位伟大英雄被无情地揭露了。米德的捍卫者同意，弗里曼证明了米德对萨摩亚的描述是错误的。

但是，我们认为，她还是通过自己的研究获得了对美国文化的深入了解。

而且，作为"文化与人格学派"的一位重要成员，我帮助确立了现在众所周知的心理人类学。

发明从来都不是人类学发展过程中的不利条件。

被观察的观察者

　　玛格丽特·米德的衰落代表了人类学中的另一个视界事件。同年（1983），小乔治·斯托金（George Stocking Jr.）主编的《被观察的观察者：民族志田野调查论文集》（*Observers Observed: Essays on Ethnographic Fieldwork*）也出版了。这是后来继续出版的"人类学史系列丛书"的第一卷。《被观察的观察者》将民族志实践作为人类学家采取的建设性行为来加以审视。斯托金在自己的文章中披露了发现马林诺夫斯基的野外日记（这本日记首次发表于1967年）时所产生的震惊。在日记中，马林诺夫斯基记录了他在野外调查时对白人文明的渴望。

致命弱点

斯托金认为，人类学的历史恰当地关注了"历史经验和文化假设的背景，它们激发并限制了人类学，后者也受其制约"。

"作为英雄的人类学家"是美国评论家兼作家苏珊·桑塔格创造的一个短语。为了让"英雄"的弱点变得明显，就应该分析这个短语。

需要审视一下人类学和在欧洲更加广泛的"参与式异国情调"传统之间的联系。

苏珊·桑塔格

自我投射问题

"无畏的人类学家"神话又受到了**埃德蒙·利奇**（Edmund Leach, 1910—1989）爵士的重击,利奇爵士是英国人类学最资深和最重要的代表之一。在《英国社会人类学历史上不可提及的一瞥》(1984)一书中,利奇承认,每个人类学家都有望在这个领域发现别的观察者看不到的东西,也就是他或她的个性投射。

"人类学的论述来自作者的个性方面。不然怎么可能呢?当马林诺夫斯基写特罗布里恩群岛居民时,他写的是他自己。当埃文思-普里查德写努尔人时,他是在写他自己。"

文化差异,尽管有时可以趋同,但都是临时虚构。

写作文化与后现代主义

"人类学史系列丛书"编辑委员会包括参加在新墨西哥举行的"民族志文本的制作"研讨会的大多数人类学家,会议文集以《写作文化》为标题在 1986 年出版。这本书在人类学中产生了翻天覆地的变化。从那时起,现代人类学与后现代人类学就有了明显区别。后现代主义拒绝任何形式的**宏大理论**。

人类学家因此被请求拒斥人种志实在的"理论真理"和"完整性"……

对文化提出任何"真实的"或"完备的"陈述的可能性——甚至提出近似陈述的可能性——消失了。

现代人类学

后现代人类学

利奇所说的"临时虚构",在詹姆斯·克利福德的《写作文化》(*Writing Culture*)中,则成了"文化再现的叙事人物"。

人类学存在于*写作中*——它是一种文本,可以像小说一样阅读、分析和检查意义的层面,作者应该在民族志的构建中显明自己的个性。

后现代麻痹

但是，并非所有人都对这种状况感到满意。克里福德·格尔茨的解释主义预示了人类学中的写作文化革命，他成为这场革命的主要倡导者。英国人类学家厄内斯特·盖尔纳指责格尔茨：

"鼓励整整一代人类学家炫耀他们真实的或虚构的内心不安和麻痹，利用认识论的怀疑和痉挛的咒语来辩护极端的模糊和主观主义。在任何倒退的层面上，他们都为无法了解自己和他者而苦恼不已，因此就不再需要为他者操心太多。如果世上的一切都是支离破碎的和五花八门的，没有什么东西真的与其他任何东西相似，没有谁能够了解他人（或自己），没有人能够进行沟通，那么，除了用晦涩难懂的散文来表达这种情况所产生的痛苦之外，还有什么其他的办法呢？"

——《后现代主义、理性和宗教》，伦敦：劳特里奇出版社，1992

所以，情况就是这样——人类学是关于人类学家的。因此，他们为什么不断地打扰我？

厄内斯特·盖尔纳

人类学中的女性

人类学是男性建构的吗？作为一门专业学科，人类学规模很小，处于边缘地位，直到进入 20 世纪中叶以后才被认为是一项相当奇怪的事业，因此，这不是一个可以简单地回答的问题。在西方学界，按比例，在人类学中占据领先地位的女性比其他任何学科都要多。

当英国的大学系统只是刚刚开始考虑接收女学生时，我就已经在做野外工作了。

菲利斯·卡贝里也是如此，她出生在澳大利亚。早期一代的其他主要人物有……

露丝·本尼迪克特
露丝·邦泽尔
露西·迈尔
伊丽莎白·科尔森
奥黛丽·理查兹
莫妮卡·威尔逊

希尔达·库珀
玛丽·道格拉斯
凯瑟琳·高夫罗斯
玛丽·哈里斯
劳拉·纳德

人类学家的亲属关系

　　人类学中的女性都很了不起，她们不仅以个人身份，而且以两种更重要的方式留下了自己的印记。首先是通过"权力婚姻"，玛格丽特·米德嫁给了格雷戈里·贝特森，然后是莫妮卡·威尔逊和戈弗雷·威尔逊，希尔达·库珀和里奥·库珀（杰西卡·库珀的配偶亚当·库珀的叔叔和婶婶）；其他包括罗伯特·费利亚和伊丽莎白·费利亚、西蒙·奥滕伯格和菲比·奥滕伯格、古蒂夫妇、阿伦特夫妇、马歇尔夫妇、佩尔托夫妇、斯特拉森夫妇等。

希尔达·库珀和里奥·库珀

格雷戈里·贝特森和玛格丽特·米德

莫妮卡·威尔逊和戈弗雷·威尔逊

罗伯特·费利亚和伊丽莎白·费利

这些婚姻将两位训练有素的职业人类学家联系起来，其中每个人自身都是权威。

在他们合作从事野外工作时，在他们所研究的民族中，女人的家庭世界就对男性伴侣打开了。

领域助手

第二种方式是作为"人类学的妻子"。不一定是作为一位训练有素的人类学家，而是作为男性人类学家在该领域的伴侣和助手。即便不是那个"必须服从的她"，也肯定不会像男性人类学家那样，作为一个沉默的伴侣而被低估或忽视。

> 人类学妻子作为丈夫——"真正的"人类学家——的研究助理而涉及"女人的世界"。

> 但是，妻子们扯平了——我们写津津有味的通俗书籍！

劳拉·鲍哈南，人类学家保罗·鲍哈南的妻子，撰写了《回归欢笑》（*Return to Laughter*）一书。玛丽·史密斯，人类学家 M.G. 史密斯的妻子，写了一本关于穆斯林豪萨族妇女的传记《卡罗的巴巴》（*Baba of Karo*）。它为"**女性能动性**"（female agency）这个概念提供了整个双关语。

女性主义人类学

牛津大学人类学教授**埃德温·阿德纳**（Edwin Ardener, 1927—1987）认为，人类学本身是男性主导的，不仅在招聘方面男性占主导地位，而且人类学的理论、概念、方法和实践都是男性文化的产物，即便是由女性来实践的。

女性主义人类学就像女权主义那样复杂多样。它包括诸如谢里·埃特纳的"女性之于男性是否就像自然之于文化？"之类的问题。

安置女性主义人类学

女性主义人类学最平衡的倡导者和支持者是亨丽埃塔·摩尔。

"女性主义人类学……建构其理论问题的方式是追问经济、亲属关系和仪式是如何通过性别来加以体验和构建的,而不是去问性别是如何通过文化来体验和构建的。"摩尔反对"普世女性"的概念。

"世界各地的女性都是类似的"这一观念是一个谬误,甚至男性人类学都阐明了这一点。

女性人类学家在让女性的声音能够被听到、女性的能动性和角色能够被看到这方面,不需要比男性人类学家更好或更差。

处女民族

　　亚马孙雨林委内瑞拉地区的亚诺马莫人是世界上最著名的土著居民。他们代表了所有人类学奖杯中最珍贵的战利品——"处女民族"，据说他们偏远的雨林飞地尚未被白人社会接触过，是往事的最后遗迹，也是正在消失的民族中的最后一个。

　　毫不奇怪，亚诺马莫人已经被人类学家研究了几十年。

亚诺马莫丑闻

与亚诺马莫人一起进行野外调查的两位最著名或最臭名昭著的人类学家是美国的拿破仑·查冈和雅克·利佐特（Jacques Lizot），前者是当代最著名的人类学家之一，后者是列维－斯特劳斯的弟子。

帕特里克·蒂尔尼（Patrick Tierney）在其《黄金国的黑暗：科学家和记者如何摧毁亚马孙》(*Darkness in El Dorado*: *How Scientists and Journalists Devastated the Amazon*, 2000）一书中，提出了如下反对这些人类学家的理由。

蒂尔尼的指责是，查冈……

- 是美国原子能委员会资助的一个研究小组的成员。这笔资金用于采集亚诺马莫人血液样本，为自然发生的背景辐射提供基础比较。对亚诺马莫人毫无用处，也不可能获得知情同意，但有让他们受到感染的潜在危险。

- 使用了活病毒麻疹疫苗，这种疫苗导致而不是治疗了麻疹的流行，进而摧毁了亚诺马莫人的村庄。

● 向亚诺马莫线人支付贸易品、贵重的钢斧和枪支，以收集民族志信息。义愤填膺的亚诺马莫人用这种方法收集死者亲属"秘密的"名字。贸易品的涌入让村庄变得不稳定，造成村庄内部和村庄之间的冲突。

● 用这些贸易品为民族志电影安排了特别排演。其中两部电影《斧头大战》和《盛宴》是最著名的民族志"纪录片"。

● 在把电影制作人和记者带进亚诺马莫地区时，几乎不考虑他们对西方疾病的易感性，表现出了不道德的和有可能导致种族灭绝的不负责任态度。

因此，这些电影具有欺骗性，歪曲了它们向西方观众呈现出来的民族。

但是，还没完……

- 混淆研究材料以支持站不住脚的解释，特别是如下论点：杀人最多的男人有最多的妻子，因此就控制了基因库。这个证据对于证实社会生物学关于人类如何起源和发展的理论预测极为重要。

- 伪造了实际发生的死亡人数和凶手，还编造了"谋杀"。

- 未能为患病和即将死去的亚诺马莫人提供治疗。

- 未能为他们提供支持。

- 与一个在淘金热潮中领先的奸商合作，试图建立对亚诺马莫人的权威和独占权，而淘金热潮正在摧毁亚诺马莫人的土地。

- 当整个地区在西班牙人和葡萄牙人到来以后，一直处于殖民掠夺的影响和冲击之中时，却将亚诺马莫人改造成原始人。

利佐特……
- 为了满足自己的性幻想而性侵亚诺马莫男孩。

造成内战

　　作为人类学家，查冈和利佐特表现了亚诺马莫人的两个不同版本。但是，蒂尔尼论证说，这种如今已为人熟知的指控要更进一步。它导致了村庄之间的冲突，而这些村庄是每个人类学家为了获得贸易货物而要依靠的客户。

　　人类学家已经固执地重构了他们所研究的民族的政治。

在这一切中，西方媒体成了自愿帮手。

他们渴望将"石器时代"社会登上头条新闻，因此就让查冈变得富有和出名，并热切地推广其"残暴的人群"（fierce people）理论。"残暴的人群"理论回收了原始人概念的所有原始方面，还补充了社会生物学的观点，即杀人是人类社会的原始惯例，而种族灭绝，作为一种逻辑上同源的东西，也必定是人类的独创。

换句话说，中世纪民族志依然鲜活地存在。这就是我们的切入点！

【在加州大学圣巴巴拉分校的网站上，可以找到对查冈完全无罪的完整辩护：http://www.anth.ucsb.edu/chagnon.html】

人类学何去何从？

　　人类学的专业历史仅仅跨越了一个世纪。它的后半程一直对前半程持修正主义态度。人类学已经是一门处于危机中的学科，一条死路，永远在思考自己即将来临的死亡。

> 但是人类学研究发生变化了吗？

> 人类学是一门兼收并蓄的学科，而且会变得更加兼收并蓄。

　　罗伊·德安德拉德在 1995 年呼应厄内斯特·盖尔纳的观点的时候，将人类学的运作方式总结为"不断切换议程"。研究不仅揭示了复杂性，要求越来越多的努力来产生新的东西，而且所发现的一切东西似乎都变得日益无趣。"当这种情况发生时，一些从业者可能会转向另一个议程——一个新的工作方向，在这个方向上，有希望找到真正有趣的东西。"

发现你的度假胜地

人类学仍然是"对他者的研究",而不是与他者的对话。人类学所推广的其他生活方式已经成为富裕的西方消费主义的配饰。生态旅游现在允许富人参观"古雅的异国情调",这些东西的样品就是人类学所研究的一切。人类学并没有帮助平衡西方世界和其他世界在权力或财富方面的差距,即使一些人类学家私下相信这应该发生。

祖鲁人
非洲
东非游猎

所有这些问题和不确定性对于16世纪的我来说已经很熟悉了。

它们对我来说都太熟悉了——而这也是每个人都还在回避的一点。

延伸阅读

古典民族志和人类学

Boas, Franz, *The Mind of Primitive Man*, New York: Macmillan, 1938.

—— *Race, Language and Culture*, New York: Macmillan, 1940.

Evans-Pritchard, E.E., Witchcraft, *Oracles and Magic Among the Azande*, Oxford: Clarendon Press, 1937.

—— *Nuer Religion*, Oxford: Clarendon Press, 1956.

—— *Social Anthropology*, London: Cohen and West, 1951.

Firth, Raymond, *We, the Tikopia*, London: Allen and Unwin, 1936.

Kaberry, Phyllis, *Women of the Grassfields*, London: HM Stationery Office,1952.

Kroeber, A.L., *Anthropology*: *Culture Patterns and Processes*, New York: Harcourt, 1963.

Kluckhohn, Clyde, *Navaho Witchcraft*, Cambridge, MA.: Peabody Museum, 1944.

Malinowski, Bronislaw, *A Scientific Theory of Culture and Other Essays*, Chapel Hill: University of North Carolina Press, 1944.

—— *Argonauts of the Western Pacific*, London: Routledge, 1922.

总体概述

Beattie, J., *Other Cultures*: *Aims, Methods and Achievements in Social Anthropology*, London: Routledge, 1964.

Bohannan, Paul, *We, the Alien*: *An Introduction to Cultural Anthropology*, Prospect Heights, IL: Waveland Press, 1992.

Geertz, Clifford, *The Interpretation of Cultures*, New York: Basic Books, 1973.

Gluckman, Max, *Politics, Law and Ritual in Tribal Societies*, Oxford: Basil Blackwell, 1965.

Ingold, Tim, *Companion Encyclopedia of Anthropology*: *Humanity, Culture and Social Life*, London: Routledge, 1994.

Lewis, I.M., *Social Anthropology in Perspective*, Cambridge: Cambridge University

Press, 1985.

历史与理论

Adams, William Y., *The Philosophical Roots of Anthropology*, Stanford: CSLI Publications, 1998.

Barnard, Alan, *History and Theory in Anthropology*, Cambridge: Cambridge University Press, 2000.

Hodgen, Margaret, *Early Anthropology of the Sixteenth and Seventeenth Centuries*, Philadelphia: University of Pennsylvania Press, 1964.

Kuper, Adam, *Invention of the Primitive*, London: Routledge, 1988.

Layton, Robert, *An Introduction to Theory in Anthropology*, Cambridge: Cambridge University Press, 1997.

Moore, Henrietta, *Anthropological Theory Today*, Cambridge: Polity Press, 1999.

批评与新方向

Deloria, Vine, Jr., *Custer Died For Your Sins*: *An Indian Manifesto*, New York: Macmillan, 1969.

Geertz, Clifford, *Works and Lives*: *The Anthropologist as Author*, Stanford: Stanford University Press, 1988.

Hymes, Dell, *Reinventing Anthropology*, revised ed., Ann Arbor: Ann Arbor Paperbacks, 1999.

Obeyesekere, G., *The Apotheosis of Captain Cook*, Princeton: Princeton University Press, 1992.

Rapport, Nigel and Overing, Joanna, *Social and Cultural Anthropology*: *The Key Concepts*, London: Routledge, 2000.

Sahlins, Marshall, *How "Natives" Think*, Chicago: University of Chicago Press, 1995.

致谢

作者要感谢齐亚乌丁·萨达尔为了确保本书成稿而提出的建设性批评及其坚持不懈的精神，并感谢詹妮弗·里格比宽容大度的忍耐力。

艺术家要感谢理查德·阿皮尼亚内西，并将本书献给莫拉、罗西奥和西尔维娜。

索引

图画通识丛书